Lecture Notes in Mathematics

Edited by A. Dold and B. Eckmann

Series: Mathematisches Institut der Universität Bonn
Adviser: F. Hirzebruch

800

Marie-France Vignéras

Arithmétique des Algèbres de Quaternions

Springer-Verlag
Berlin Heidelberg New York 1980

Auteur

Marie-France Vignéras
Ecole Normale Supérieure
Mathématiques
1, rue Maurice Arnoux
92120 Montrouge
France

AMS Subject Classifications (1980): 10-02, 10C05, 10D05, 12A80, 14H25

ISBN 3-540-09983-2 Springer-Verlag Berlin Heidelberg New York
ISBN 0-387-09983-2 Springer-Verlag New York Heidelberg Berlin

Printed in Germany

Printing and binding: Beltz Offsetdruck, Hemsbach/Bergstr.
2141/3140-543210

INTRODUCTION

Ce livre représente la rédaction d'un cours fait en 1976 à l'Université de Paris XI à Orsay sur l'arithmétique des algèbres de quaternions. On sait bien qu'une partie de cette théorie est un cas particulier des résultats connus sur les algèbres centrales simples. La raison d'être de ce livre est d'expliquer en détail certains aspects qui sont spéciaux aux algèbres de quaternions, et qui ont été développés par Eichler. Le plan de ce livre est le suivant : on commence par un rappel de la théorie générale des algèbres de quaternions, puis on les classifie sur les corps locaux et les corps globaux, en utilisant la théorie de la fonction zêta, comme dans le livre de Weil [1]. On développe alors la théorie arithmétique, et les différentes formes de formules de trace en utilisant les techniques adéliques qui permettent de passer des résultats locaux, très simples, aux résultats globaux. Cette théorie est appliquée à l'étude des sous-groupes arithmétiques de SL(2). Une des applications est la construction de surfaces riemanniennes isospectrales, mais non isométriques. Ces exemples sont les seuls exemples connus. Chaque chapitre est suivi d'exercices, ou illustré d'exemples.

Je remercie vivement Beck, Michon, Oesterlé, Ribet pour leur aide, l'Université de Paris XI pour son hospitalité, et Madame Bonnardel qui a frappé le manuscrit avec une grande compétence.

TABLE DES MATIERES

CHAPITRE IV. APPLICATIONS AUX GROUPES ARITHMETIQUES

CHAPITRE V. ARITHMETIQUE DES QUATERNIONS QUAND LA CONDITION D'EICHLER N'EST PAS VERIFIEE

CHAPITRE I

ALGEBRES DE QUATERNIONS SUR UN CORPS

Dans ce chapitre K est un corps commutatif de caractéristique quelconque, sauf mention contraire, et K_s est une clôture séparable de K.

1 ALGEBRES DE QUATERNIONS

DEFINITION. Une algèbre de quaternions H de centre K est une algèbre centrale de dimension 4 sur K, telle qu'il existe une algèbre L séparable de dimension 2 sur K, et un élément inversible θ de K, avec : $H = L+Lu$, où $u \in H$ vérifie :

(1) $$u^2 = \theta \quad , \quad um = \bar{m}u$$

pour tout $m \in L$, où $m \to \bar{m}$ est le K-automorphisme non trivial de L.

Nous noterons parfois H par (L,θ), mais H ne détermine pas le couple (L,θ) de façon unique. Par exemple, il est clair que l'on peut remplacer θ par $\theta m\bar{m}$, si m est un élément de L tel que $m\bar{m} \neq 0$. L'élément u n'est pas déterminé par (1). Si $m \in L$ est un élément vérifiant $m\bar{m} = 1$, on peut remplacer u par mu. Cette définition est valable en toute caractéristique. On peut vérifier facilement que H/K est une <u>algèbre centrale simple</u>, i.e. une algèbre de centre K ne possédant pas d'idéal bilatère non trivial. Inversement, on peut montrer que toute algèbre centrale simple de dimension 4 sur K est une algèbre de quaternions. La <u>loi de multiplication</u> dans H se déduit de (1). Si $m_i \in L$, pour $1 \leqslant i \leqslant 4$, on a :

(2) $$(m_1+m_2u)(m_3+m_4u) = (m_1m_3+m_2\bar{m}_4\theta) + (m_1m_4+m_2\bar{m}_3)u .$$

DEFINITION. La <u>conjugaison</u> est le K-endomorphisme : $h \to \bar{h}$ de H prolongeant le K-automorphisme non trivial de L, défini par $\bar{u} = -u$.

On vérifie facilement que c'est un <u>anti-automorphisme involutif</u> de H. Ceci s'exprime par les relations suivantes : si $h,k \in H$ et $a,b \in K$, on a

$$\overline{ah+bk} = a\bar{h}+b\bar{k} \quad , \quad \bar{\bar{h}} = h \quad , \quad \overline{hk} = \bar{k}\bar{h} .$$

DEFINITION. Soit $h \in H$. La <u>trace réduite</u> de h est $t(h) = h+\bar{h}$. La <u>norme réduite</u> de h est $n(h) = h\bar{h}$.

Si $h \notin K$, son <u>polynôme minimal</u> sur K est :

$$(X-h)(X-\bar{h}) = X^2 - t(h)X + n(h) .$$

L'algèbre $K(h)$ engendrée par h sur K est quadratique sur K . La trace réduite et la norme réduite de h sont simplement les images de h par la trace et la norme de $K(h)/K$. La conjugaison et l'identité sont les K-automorphismes de $K(h)$. Avec les définitions usuelles de la trace et de la norme d'une K-algèbre (Bourbaki[1] la <u>trace</u> de H/K est $T = 2t$, la <u>norme</u> de H/K est $N = n^2$.

On note $X^{\bullet}$ le groupe des unités d'un anneau X .

LEMME 1.1. <u>Les éléments inversibles de</u> H <u>sont les éléments de norme réduite non nulle</u>. <u>La norme réduite définit un homomorphisme multiplicatif de</u> $H^{\bullet}$ <u>dans</u> $K^{\bullet}$. <u>La trace réduite est</u> K-<u>linéaire</u>, <u>et l'application</u> $(h,k) \to t(hk)$ <u>est une forme bilinéaire non dégénérée sur</u> H .

PREUVE : On laisse en exercice le soin de vérifier les propriétés très faciles suivantes :

$n(hk) = n(h)\, n(k)$,

$n(h) \neq 0$ est équivalent à h inversible, et dans ce cas $h^{-1} = \bar{h}\, n(h)^{-1}$,

$t(ah+bk) = at(h) + bt(k)$, $t(hk) = t(kh)$,

si $a,b \in K$ et $h,k \in H$. Le fait que l'application $(h,k) \to t(hk)$ soit non dégénérée provient de l'hypothèse que L/K est séparable. En effet, si $t(hk) = 0$ quel que soit $k \in H$, on a pour tout $m \in L$, $t(m_1 m) = 0$ si $h = m_1 + m_2 u$, donc $m_1 = 0$. De même $t(m_2 m) = 0$ pour tout $m \in L$, donc $m_2 = 0$ et $h = 0$.

On notera un des avantages de la trace réduite : en caractéristique 2 , la trace $T = 2t$ est nulle, alors que la trace réduite est non dégénérée.

En <u>caractéristique différente de</u> 2 , on retrouve les définitions classiques des algèbres de quaternions. La donnée du couple (L,θ) est équivalente à celle d'un couple (a,b) formé de deux éléments a,b non nuls de K et les relations (1) définissent H comme la K-algèbre de base $1,i,j,ij$, où les éléments $i,j \in H$ vérifient :

(3) $$i^2 = a \quad , \quad j^2 = b \quad , \quad ij = -ji .$$

Le passage entre (1) et (3) s'opère par exemple en posant $L = K(i)$, $\theta = b$, $u = j$. En posant $k = ij$, on peut écrire la table de multiplication de i,j,k qui montre que ces trois éléments jouent des rôles symétriques. Les termes intérieurs au tableau sont les produits hh' :

h \ h'	i	j	k
i	a	k	-j
j	-k	b	i
k	j	-i	-ab

La conjugaison, la trace réduite et la norme réduite ont pour expressions : si $h = x + yi + zj + tk$, alors

$$\bar{h} = x - yi - zj - tk \ , \ t(h) = 2x \ , \text{ et } \ n(h) = x^2 - ay^2 - bz^2 + abt^2$$

le coefficient de k dans h ne doit pas être confondu avec la trace réduite. On remarque une autre propriété importante : la norme réduite définit une <u>forme quadratique</u> sur le K-espace vectoriel V sous-jacent à H .

On notera l'algèbre de quaternions H définie par les relations (1) ou (3) sous la forme $\{L,\theta\}$ ou $\{a,b\}$ quand le contexte le permettra. On considèrera aussi les notations u , i , j , $t(h)$, $n(h)$, $\bar{h}$ comme des notations standards.

<u>L'exemple fondamental</u> d'une algèbre de quaternions sur K est donné par l'algèbre $M(2,K)$ des matrices carrées d'ordre 2 à coefficients dans K . La trace réduite et la norme réduite sont dans $M(2,K)$ la trace et le déterminant au sens usuel. On identifie K à son image dans $M(2,K)$ par le K-homomorphisme qui envoie l'unité de K sur la matrice identité. De façon explicite :

si $h = \begin{pmatrix} a & b \\ c & d \end{pmatrix} \in M(2,K)$, $\bar{h} = \begin{pmatrix} d & -b \\ -c & a \end{pmatrix}$, $t(h) = a+d$, $n(h) = ad-bc$.

On démontre que $M(2,K)$ vérifie la définition d'une algèbre de quaternions de la façon suivante : on choisit une matrice m de valeurs propres distinctes et on pose $L = K(m)$. Comme $\bar{m}$ a les mêmes valeurs propres que m , elle est semblable à m : il existe donc $u \in GL(2,K)$ tel que $umu^{-1} = \bar{m}$. On vérifie que $t(u) = 0$, car $t(um) = t(u)m \in K$ pour tout $m \in L$, d'où l'on déduit que $u^2 = \theta \in K^{\bullet}$. Nous allons en quelque sorte justifier que $M(2,K)$ est l'exemple fondamental par les remarques suivantes :

<u>Sur un corps séparablement clos</u>, $M(2,K)$ <u>est la seule algèbre de quaternions à isomorphisme près</u>. En effet, toute algèbre séparable de dimension 2 sur K ne pouvant pas être un corps s'envoie surjectivement par la norme sur $K^{\bullet}$, et se plonge dans $M(2,K)$ (un <u>plongement</u> est un K-homomorphisme injectif). On déduit de ceci, qu'elle est isomorphe à

$\{K+K,1\} \simeq M(2,K)$, grâce à la réalisation de $M(2,K)$ comme algèbre de quaternions, faite précédemment.

Produits tensoriels. Soit F un corps commutatif contenant K . On vérifie directement sur la définition que le produit tensoriel sur K d'une algèbre de quaternions H/K avec F est une algèbre de quaternions sur F , et que :

$$F \otimes \{L,\theta\} = \{F \otimes L,\theta\} .$$

On notera l'algèbre de quaternions obtenue ainsi H_F . L'algèbre H se plonge naturellement dans H_F . En prenant pour F la clôture séparable K_s de K nous voyons que H se plonge dans $M(2,K_s)$.

DEFINITION. Les corps F/K tels que H_F soit isomorphe à $M(2,F)$ s'appellent des corps neutralisants de H . Les plongements de H dans $M(2,F)$ s'appellent des F-représentations.

EXEMPLES :

(1) Une algèbre de quaternions sur K n'admet pas de K-représentation, si elle n'est pas isomorphe à $M(2,K)$.

(2) On définit les matrices

$$I = \begin{pmatrix} 1 & 0 \\ 0 & -1 \end{pmatrix} , \quad J = \begin{pmatrix} 0 & 1 \\ 1 & 0 \end{pmatrix} , \quad IJ = \begin{pmatrix} 0 & 1 \\ -1 & 0 \end{pmatrix} .$$

Ces matrices vérifient les relations (3) avec $a = b = 1$. On en déduit qu'en caractéristique différente de 2 , une algèbre de quaternions $\{a,b\}$ est isomorphe à :

$$\left\{ \begin{pmatrix} x+\sqrt{a}\,y & \sqrt{b}(z+\sqrt{a}\,t) \\ \sqrt{b}(z-\sqrt{a}\,t) & x-\sqrt{a}\,y \end{pmatrix} , \ x,y,z,t \ \text{dans} \ K \right\}$$

où $\sqrt{a}$ et $\sqrt{b}$ sont deux racines carrées de a et b dans K_s .

(3) Le corps des quaternions de Hamilton. Historiquement, la première algèbre de quaternions (différente d'une algèbre de matrices) fut introduite par Hamilton. On la notera $\mathbb{H}$, c'est le corps de quaternions défini sur $\mathbb{R}$ par $a = b = -1$, appelé le corps des quaternions de Hamilton. Il admet une représentation complexe :

$$\mathbb{H} = \left\{ \begin{pmatrix} z & z' \\ -\bar{z}' & \bar{z} \end{pmatrix} , \ z,z' \text{dans} \ \mathbb{C} \right\} .$$

Le groupe des quaternions de norme réduite 1 est isomorphe à $SU(2,\mathbb{C})$ et fut introduit pour des raisons géométriques (voir le paragraphe 3 géométrie). On appelle parfois les quaternions des quaternions généralisés (par référence à ceux de Hamilton), ou nombres hypercomplexes (dû à l'interprétation possible des quaternions de Hamilton, comme un amalgame de corps isomorphes à $\mathbb{C}$, peut-être), mais la tendance générale est de dire simplement quaternions.

EXERCICES.

1.1 Diviseurs de zéros. Soit H/K une algèbre de quaternions sur un corps commutatif K . Un élément $x \in H$ est un diviseur de zéro si et seulement si $x \neq 0$ et s'il existe $y \in H$, $y \neq 0$ tel que $xy = 0$. Montrer que x est un diviseur de zéro si et seulement si $n(x) = 0$. Montrer que si H contient au moins un diviseur de zéro, alors H contient un diviseur de zéro séparable sur K .

1.2 Multiplicativité des formes quadratiques. Démontrer que le produit de deux sommes de 2 carrés entiers est une somme de 2 carrés entiers. Démontrer le même résultat pour les sommes de 4 carrés. Le résultat est-il vrai pour les sommes de 3 carrés ? On peut démontrer qu'il est vrai pour les sommes de 8 carrés. En relation avec cette dernière question, on peut définir les quasi-quaternions (Zelinsky [1]) ou bi-quaternions (Benneton [3], [4]) ou octonions de Cayley (Bourbaki, Algèbre, ch. 3, p. 176) et étudier leur arithmétique.

1.3 (Benneton [2]). Trouver les propriétés de la matrice A , en indiquant une méthode de construction de matrices d'ordre 4 ayant les mêmes propriétés :

$$A = \begin{pmatrix} 17 & 7 & 4 & 0 \\ 6 & -14 & -1 & 11 \\ 5 & -3 & -16 & 8 \\ 2 & -10 & 9 & 13 \end{pmatrix} .$$

1.4 Démontrer qu'une algèbre de matrices $M(n,K)$ sur un corps commutatif K est une K-algèbre centrale simple.

1.5 L'application $(h,k) \to t(h\bar{k})$ est une forme bilinéaire non dégénérée sur H (lemme 1.1).

1.6 Caractéristique 2. Si K est de caractéristique 2 , une algèbre de quaternions H/K est une algèbre centrale de dimension 4 sur K , telle qu'il existe un couple $(a,b) \in K^{\bullet} \times K^{\bullet}$ et des éléments $i,j \in H$ vérifiant

$$i^2+i = a \quad , \quad j^2 = b \quad , \quad ij = j(1+i)$$

tels que $H = K+Ki+Kj+Kij$.

2 THEOREMES DES AUTOMORPHISMES ET CORPS NEUTRALISANTS

Ce § contient les applications aux algèbres de quaternions des théorèmes fondamentaux des algèbres centrales simples. Ces théorèmes généraux peuvent être trouvés dans Bourbaki [2], Reiner [1], Blanchard [1], Deuring [1]. Nous avons suivi de préférence le livre de Weil [1] dans ce § comme dans bien d'autres des deux prochains chapitres. Soit H/K une algèbre de quaternions.

THEOREME 2.1 (Automorphismes, th. de Skolem-Noether). Soient L, L' deux K-algèbres commutatives sur K, contenues dans une algèbre de quaternions H/K. Alors, tout K-isomorphisme de L sur L' se prolonge en un automorphisme intérieur de H. Les K-automorphismes de H sont des automorphismes intérieurs.

On rappelle que les automorphismes intérieurs de H sont les automorphismes $k \to hkh^{-1}$, $k \in H$, associés aux éléments inversibles h dans H. Avant de démontrer cet important théorème, donnons une liste de ses nombreuses applications.

COROLLAIRE 2.2. Pour toute algèbre séparable, quadratique L/K, contenue dans H, il existe $\theta \in K^{\cdot}$ tel que $H = \{L,\theta\}$.

Il existe $u \in H^{\cdot}$ induisant sur L par automorphisme intérieur le K-automorphisme non trivial. On vérifie que $t(u) = 0$ (voir §1 p.3) donc $u^2 = \theta \in K$. On a ainsi réalisé H sous la forme $\{L,\theta\}$.

COROLLAIRE 2.3. Le groupe $\mathrm{Aut}(H)$ des K-automorphismes de H est isomorphe au groupe quotient $H^{\cdot}/K^{\cdot}$. Si L vérifie le corollaire 2.2, le sous-groupe $\mathrm{Aut}(H,L)$ formé par les automorphismes fixant globalement L est isomorphe à $(L^{\cdot} \cup uL^{\cdot})/K^{\cdot}$, alors que le sous-groupe des automorphismes fixant L point par point est isomorphe à $L^{\cdot}/K^{\cdot}$.

COROLLAIRE 2.4 (Caractérisation des algèbres de matrices). Une algèbre de quaternions est soit un corps, soit isomorphe à une algèbre de matrices $M(2,K)$. L'algèbre de quaternions $\{L,\theta\}$ est isomorphe à $M(2,K)$ si et seulement si L n'est pas un corps ou si $\theta \in n(L)$.

PREUVE : Si L n'est pas un corps, il est clair que $\{L,\theta\}$ est isomorphe à $M(2,K)$ (voir le passage du §1 concernant les algèbres de quaternions sur les corps séparablement clos). Nous allons donc supposer que L est un corps. Nous montrons que si H n'est pas un corps, $\theta \in n(L)$.

On choisit un élément $h = m_1 + m_2 u$ de norme réduite nulle. On a donc $0 = n(m_1) + \theta n(m_2)$ et $n(m_1) = 0$ est équivalent à $n(m_2) = 0$. Comme L est un corps la propriété $h \neq 0$ implique que m_1 , m_2 sont tous les deux non nuls, donc $\theta \in n(L)$. Montrons que $\theta \in n(L)$ si et seulement si $\{L, \theta\}$ est isomorphe à $M(2,K)$. Si $\theta \in n(L)$, il existe dans H un élément de carré 1 , différent de ∓ 1 , donc un diviseur de zéro.
On choisit dans H un diviseur de zéro séparable sur K (voir l'exercice 1.1), que l'on note x . On pose $L' = K(x)$. Le corollaire 2.2 nous montre que $H = \{L', \theta'\}$. Comme L' n'est pas un corps, H est isomorphe à $M(2,K)$. Si $\theta \notin n(L)$, les éléments non nuls de H ont une norme réduite non nulle et H est un corps.

COROLLAIRE 2.5 (Théorème de Frobenius). Un corps D non commutatif contenant $\mathbb{R}$ dans son centre, de dimension finie sur $\mathbb{R}$, est isomorphe au corps $\mathbb{H}$ des quaternions de Hamilton.

La démonstration de ce théorème repose sur le fait que $\mathbb{C}$ le corps des nombres complexes est la seule extension commutative de dimension finie sur le corps des nombres réels, noté $\mathbb{R}$. Un argument analogue sera essentiel dans le corollaire suivant (il n'existe pas de corps de quaternions sur un corps fini). Soit $d \in D - \mathbb{R}$, le corps $\mathbb{R}(d)$ est commutatif, donc de la forme $\mathbb{R}(i)$ avec $i^2 = -1$. Il est différent de D qui n'est pas commutatif. Soit $d' \in D$, tel que $\mathbb{R}(d') = \mathbb{R}(u)$ soit différent de $\mathbb{R}(i)$ et $u^2 = -1$. Ce nouvel élément u ne commute pas avec i , et l'on peut le remplacer par un élément $j = iui + u$ de trace nulle, tel que $ij = -ji$. Le corps $\mathbb{R}(i,j)$ est isomorphe au corps $\mathbb{H}$ des quaternions de Hamilton, et il est contenu dans D . S'il est différent de D , le même raisonnement nous permet de construire $d \in D$, n'appartenant pas à $\mathbb{R}(i,j)$ tel que $di = -id$ et $d^2 \in \mathbb{R}$. Mais alors, dj commute avec i , donc appartient à $\mathbb{R}(i)$ ce qui est absurde.

COROLLAIRE 2.6 (Théorème de Wedderburn). Il n'existe pas de corps de quaternions fini.

Ceci est une forme affaiblie du théorème de Wedderburn : tout corps fini est commutatif. La démonstration dans le cas particulier donne bien l'idée de celle dans le cas général. Elle utilise que tout corps fini $\mathbb{F}_q$ (l'indice q est le nombre d'éléments du corps) admet à isomorphisme près une seule extension de degré donné. Si H est un corps de quaternions fini, son centre est un corps fini $\mathbb{F}_q$ et tous ses sous-corps commutatifs maximaux sont isomorphes à $\mathbb{F}_{q'}$, où $q' = q^2$. Ceci nous permet d'écrire H comme une réunion finie de conjugués

$h\,\mathbb{F}_q\, h^{-1}$. On compte le nombre d'éléments de H : $q^4 = n(q^2-q)+q$, où n est le nombre de sous-corps commutatifs maximaux de H . D'après (2), $n = (q^4-1)/2(q^2-1)$. On est conduit à une absurdité.

Nous allons maintenant démontrer le théorème des automorphismes. On commence par démontrer un résultat préliminaire. Si V est le K-espace vectoriel sous-jacent à H , on va déterminer la structure de la K-algèbre $\mathrm{End}(V)$ formée par les K-endomorphismes de V . On rappelle que les produits tensoriels sont pris sur K , sauf mention contraire.

LEMME 2.7. <u>L'application de</u> $H\otimes H$ <u>dans</u> $\mathrm{End}(V)$ <u>donnée par</u> $h\otimes h' \to f(h\otimes h')$ <u>où</u> $f(h\otimes h')(x) = hx\bar{h}'$, <u>pour</u> $h,h',x\in H$, <u>est un K-isomorphisme d'algèbres</u>.

PREUVE : Il est évident que f est un K-homomorphisme de K-espaces vectoriels. Le fait que la conjugaison soit un <u>anti</u>-isomorphisme (i.e. $\overline{hk}=\bar{k}\bar{h}$, $h,k\in H$) implique que f est un K-homomorphisme pour la structure de K-algèbre. Les dimensions sur K de $H\otimes H$ et $\mathrm{End}(V)$ étant égales, il suffit de vérifier que f est injective pour démontrer que f est un K-isomorphisme. On peut se placer dans une extension H_F telle que H_F soit isomorphe à $M(2,F)$. L'application étendue f_F est injective, car elle n'est pas nulle; son noyau qui est un idéal bilatère de $H_F\otimes_F H_F$ est nul, car $H_F\otimes_F H_F$ est isomorphe à $M(4,F)$ qui est simple (exercice 1.4).

<u>Démonstration du théorème des automorphismes</u>. Soit L une K-algèbre commutative sur K , contenue dans H et différente de K , et soit g un K-isomorphisme non trivial de L dans H . Nous voulons démontrer que g est la restriction à L d'un K-automorphisme intérieur de H . On peut considérer H comme un L-module à gauche de deux façons, en posant $m.h=mh$ ou $m.h=g(m)h$, pour $m\in L$, et $h\in H$. On en déduit qu'il existe un K-endomorphisme de V , noté z tel que $z(mh)=g(m)z(h)$. On utilise le lemme 2.7, et on écrit $z=f(x)$, où $x\in H\otimes H$. On fixe une base (b) de H/K de sorte qu'il existe des éléments (a) dans K , déterminés uniquement, tels que $x=\Sigma\, a\otimes b$. On obtient une relation $\Sigma\, amh\bar{b} - g(m)\,\Sigma\, ah\bar{b}=0$ qui est équivalente à la relation $\Sigma(am-g(m)a)h\bar{b}=0$, vérifiée pour tout $m\in L$, et tout $h\in H$. Il existe au moins un élément a non nul. Pour cet élément, $am=g(m)a$, donc le théorème sera démontré si a est inversible. Vérifions que a est inversible. Comme $a\notin L$, on a $H=L+aL$. On en déduit que Ha est un idéal bilatère, car $HaH = HaL + HaaL \subset [Hg(L)+Hag(L)]a \subset Ha$. Or H est simple, ou même il suffit d'utiliser que $H_F \simeq M(2,F)$ est simple

(exercice 1.4) si F est un corps neutralisant. Donc l'idéal $H_F a$ non nul est égal à H_F . Donc a est inversible.

Nous allons maintenant donner sans démonstration des résultats importants. Nous les démontrerons dans les deux chapitres suivants, quand K est un corps local ou un corps global.

THEOREME 2.8 (corps neutralisants). _Soit_ L _une extension quadratique de_ K . _Alors_ L _est un corps neutralisant d'une algèbre de quaternions_ H/K _si et seulement si_ L _est isomorphe à un sous-corps commutatif maximal de_ H .

Nous rappelons que l'on appelle une _extension_ de K un corps commutatif contenant K . Les différents plongements de L dans H seront étudiés en détail quand K est un corps local ou un corps global (voir les définitions du §4 également). Nous allons maintenant considérer le produit tensoriel sur K , d'une algèbre de quaternions H/K avec une autre algèbre de quaternions H'/K .

THEOREME 2.9 (produit tensoriel). _Soient_ H/K _et_ H'/K _deux algèbres de quaternions. Si_ H _et_ H' _ont un sous-corps commutatif maximal isomorphe, alors_ $H \otimes H'$ _est isomorphe à_ $H'' \otimes M(2,K)$ _où_ H'' _est une algèbre de quaternions sur_ K _uniquement déterminée à isomorphisme près._

Le théorème précédent permet de définir une structure de groupe sur les classes d'isomorphisme des algèbres de quaternions sur K , si K possède la propriété : deux algèbres de quaternions sur K ont toujours un sous-corps commutatif maximal isomorphe. Nous verrons que cette propriété est vérifiée pour les corps locaux et les corps globaux. Ce groupe (s'il est défini) sera noté Quat(K). C'est un sous-groupe d'exposant 2 dans le _groupe de Brauer_ de H formé des classes des algèbres centrales simples sur K , muni du produit induit par le produit tensoriel. On vérifiera en exercice la relation :
$\{L,\theta\} \otimes \{L,\theta'\} \simeq \{L,\theta\theta'\} \otimes M(2,K)$. En caractéristique différente de 2 , on pourra la lire dans Lam [1]. En toute caractéristique, voir Blanchard [1], et exercice III,5.6.

EXERCICE.

2.1 Corestriction. Soient L/K une extension séparable de K de degré n, et H/L une algèbre de quaternions. A tout K-plongement σ_i, $1 \leqslant i \leqslant n$, de L dans K_s est associé l'algèbre $H_i = H \otimes_L (K_s, \sigma_i)$ obtenue par extension des scalaires à K_s. Vérifier que :

a) $D = \bigotimes_{i=1}^{n} H_i$ est une algèbre centrale simple de dimension 4^n sur K_s.

b) Tout élément τ dans le groupe $Gal(K_s/K)$ des K-automorphismes de K_s induit une permutation r de $\{1,\dots,n\}$:

$$\tau.\sigma_i = \sigma_{r(i)} ,$$

un K-isomorphisme de H_i sur $H_{r(i)}$, par restriction de l'application :

$$\tau(h \otimes k) = h \otimes \tau(k) \qquad h \in H , \ k \in K_s$$

et un K-isomorphisme de D.

c) Les éléments de D invariants par $Gal(K_s/K)$ forment une algèbre centrale simple de dimension 4^n sur K.

La construction ci-dessus s'applique naturellement quand H est une L-algèbre centrale simple. L'algèbre construite sur K se note $Cor_{L/K}(H)$. Elle correspond à l'application corestriction dans l'interprétation cohomologique des groupes de Brauer.

2.2 Soient L/K une extension séparable de K de degré 2, et $m \to \bar{m}$ le K-automorphisme non trivial de L. Montrer que

a) L'ensemble $\left\{ g = \begin{pmatrix} m & n \\ \bar{n} & \bar{m} \end{pmatrix} , \ m,n \in L \right\}$ forme une K-algèbre isomorphe à $M(2,K)$.

b) Si g est inversible, montrer que g^{-1} est conjugué à g par un élément de la forme $\begin{pmatrix} r & 0 \\ 0 & \bar{r} \end{pmatrix}$ avec $r \in L^{\cdot}$.

3 GEOMETRIE

Le corps K a une caractéristique différente de 2 dans tout ce §. Pour toute algèbre de quaternions H/K, on note H_o l'ensemble des quaternions de <u>trace réduite nulle</u>. La norme réduite munit les K-espaces vectoriels V, V_o sous-jacents à H, H_o d'une forme quadratique non dégénérée. On notera la forme bilinéaire associée $\langle h,k\rangle$ pour $h,k \in V$ ou V_o. Elle est définie par $\langle h,k\rangle = t(h\bar{k})$ d'où l'on déduit $\langle h,h\rangle = 2n(h)$. Si les éléments h,k appartiennent à V_o, on a simplement $\langle h,k\rangle = -(hk+kh)$. Nous voyons ainsi que le produit de deux éléments de H_o est un élément de H_o si et seulement si ces éléments <u>anticommutent</u> $(hk = -kh)$, ce qui est aussi équivalent à ce que ces deux éléments soient <u>orthogonaux</u> dans V_o. Nous allons maintenant étudier les algèbres de quaternions du point de vue de leurs espaces quadratiques.

LEMME 3.1. *Soient* H, H' *deux algèbres de quaternions sur* K, *et* V, V_o, V', V'_o *les K-espaces quadratiques correspondants. Les propriétés suivantes sont équivalentes* :

(1) H *et* H' *sont isomorphes*,

(2) V *et* V' *sont isométriques*,

(3) V_o *et* V'_o *sont isométriques*.

PREUVE : (1) implique (2), car un automorphisme conservant la norme induit une isométrie. (2) implique (3) par le théorème de Witt, et la décomposition orthogonale $V = K + V_o$, déduite des formules (3) du §1. (3) implique (1), car une isométrie f conserve l'orthogonalité, donc si $i,j \in H$ vérifient (3) du §1, $f(i)$ et $f(j)$ vérifient les mêmes relations et $H \simeq H'$.

COROLLAIRE 3.2. Les propriétés suivantes sont équivalentes :

(1) H *est isomorphe à* $M(2,K)$,

(2) V *est un espace quadratique isotrope*,

(3) V_o *est un espace quadratique isotrope*,

(4) *la forme quadratique* $ax^2 + by^2$ *représente* 1.

PREUVE : (1) est équivalent à (2) à cause de la caractérisation des algèbres de matrices vue dans le §1. (1) est équivalent à (3), c'est tout aussi clair. (4) implique (1), car l'élément $ix+jy$ est de carré 1 si $ax^2+by^2 = 1$, et il est différent de ∓ 1, donc H n'est pas un corps. (3) implique (4) car si $ax^2 + by^2 - abz^2 = 0$ avec $z \neq 0$, il est clair que $ax^2 + by^2$ représente 1, et sinon $b \in -aK^2$, et la forme quadratique

ax^2+by^2 est équivalente à $a(x^2-y^2)$ qui représente 1.

D'après le théorème de Cartan (Dieudonné [1]), toute isométrie d'un K-espace vectoriel de dimension finie m muni d'une forme quadratique est le produit d'au plus m symétries. Ce théorème montre que les isométries propres (i.e. de déterminant 1) de V_o sont les produits de deux symétries de V_o. La symétrie de V de vecteur q non isotrope s'écrit :

$$h \to s_q(h) = h-q\, t(h\bar{q})/n(q) = -q\bar{h}\bar{q}^{-1} \quad , \quad h \in H \; .$$

Si q,h sont dans V_o cette symétrie est simplement définie par $s_q(h) = -qhq^{-1}$. Le produit de deux symétries s_q , s_r de V_o est défini par $s_q s_r(h) = qrh(qr)^{-1}$. Inversement, montrons que tout automorphisme intérieur de H induit sur V_o une isométrie propre. Si l'isométrie induite sur V_o par un automorphisme intérieur n'était pas propre, il existerait $r \in H^{\cdot}$ tel que pour $x \in V_o$, l'image de x soit $-rxr^{-1}$. On en déduirait que $h \to r\bar{h}r^{-1}$ est un automorphisme intérieur, ce qui est absurde. Nous avons ainsi démontré :

THEOREME 3.3. <u>Les isométries propres de</u> V_o <u>sont obtenues par restriction des automorphismes intérieurs de</u> H <u>aux quaternions de trace nulle</u>. <u>Le groupe des isométries propres de</u> V_o <u>est isomorphe à</u> $H^{\cdot}/K^{\cdot}$.

Le dernier point se déduit du corollaire 2.3. Nous avons par la même occasion montré qu'un quaternion s'écrit comme le produit de deux quaternions purs par un élément de K . Le théorème permet de retrouver certains <u>isomorphismes classiques</u> entre des <u>groupes orthogonaux</u> et des <u>groupes de quaternions</u>. On notera $PGL(2,K)$ le groupe $GL(2,K)/K^{\cdot}$, $SO(1,2,K)$ le groupe des isométries propres de la forme quadratique $x^2-y^2-z^2$ sur K ; le groupe des rotations $SO(3,\mathbb{R})$ de $\mathbb{R}^3$ a un revêtement non trivial de degré 2 , noté $Spin(3,\mathbb{R})$. Si H/K est une algèbre de quaternions, H^1 désigne le <u>noyau de la norme réduite</u>.

THEOREME 3.4. <u>On a les isomorphismes</u> :

1) $PGL(2,K) \simeq SO(1,2,K)$
2) $SU(2,\mathbb{C})/\{\mp 1\} \simeq SO(3,\mathbb{R})$
3) $\mathbb{H}^1 \simeq Spin(3,\mathbb{R})$.

La démonstration des isomorphismes 1) et 2) résulte immédiatement du théorème précédent, de la $\mathbb{C}$-représentation du corps des quaternions de Hamilton donnée au §1, et de l'isomorphisme 3) dont nous allons en donner une description détaillée (Coxeter [2]). On considère les quaternions de Hamilton de norme réduite 1. Ceux qui ont une trace nulle s'identifient aux vecteurs de longueur 1 de $\mathbb{R}^3$.

Nous allons démontrer que la rotation $(r,2\alpha)$ de l'espace $\mathbb{R}^3$ (identifié aux quaternions de Hamilton de trace réduite nulle) d'angle 2α , d'axe porté par un vecteur unité r , est induite par l'automorphisme intérieur associé à $q = \cos\alpha + r\sin\alpha$. En effet, on a $r^2 = -1$, et l'on peut choisir par le théorème 2.1 des automorphismes un quaternion $s \in H$ tel que $s^2 = -1$ et $rs = -sr$. Les quaternions purs forment le $\mathbb{R}$-espace vectoriel de base r , s , rs . Sur cette base, nous allons vérifier que la restriction de l'automorphisme intérieur induit par q aux quaternions de trace nulle est la rotation définie plus haut. On a :

$$(\cos\alpha + r\sin\alpha)\, r\, (\cos\alpha - r\sin\alpha) = r$$

$$(\cos\alpha + r\sin\alpha)\, s\, (\cos\alpha - r\sin\alpha) = \cos 2\alpha . s + \sin 2\alpha . rs$$

$$(\cos\alpha + r\sin\alpha)\, rs\, (\cos\alpha - r\sin\alpha) = \cos 2\alpha . rs - \sin 2\alpha . s\ .$$

On en déduit que $\mathbb{H}^1/\{\mp 1\}$ est isomorphe à $SO(3,\mathbb{R})$. Nous allons démontrer que $\mathbb{H}^1$ est un revêtement non trivial de $SO(3,\mathbb{R})$. Sinon, $\mathbb{H}^1$ contiendrait un sous-groupe d'indice 2 , donc distingué. Il existerait un homomorphisme surjectif c de $\mathbb{H}^1$ sur $\{\mp 1\}$. Nous allons voir que c'est impossible. Comme -1 est un carré dans $\mathbb{H}^1$, on a $c(-1) = 1$. Tous les éléments de carré -1 étant conjugués par un automorphisme intérieur de $\mathbb{H}^1$, on a $c(i) = c(j) = c(ij)$ où i,j sont définis comme dans le §1. On en déduit $c(i) = 1$, et $c(x) = 1$ pour tout quaternion de carré -1 . Comme tout quaternion de $\mathbb{H}^1$ est le produit de deux quaternions de carrés -1 et d'un signe, on en déduit que c est identiquement égal à 1 sur $\mathbb{H}^1$.

On remarquera que $\mathbb{H}^1/\{\mp 1\}$ isomorphe à $SO(3,\mathbb{R})$ est un groupe <u>simple</u>. Il est bien connu que $PSL(2,K) = SL(2,K)/\{\mp 1\}$ est un groupe simple si le corps K n'est pas le corps fini à 2 ou 3 éléments (Dieudonné, [1]). Cette propriété ne se généralise pas. Le groupe $\mathbb{H}^1/\{\mp 1\}$ n'est pas toujours simple. On peut trouver dans Dieudonné une infinité d'exemples où ce groupe n'est pas simple. Signalons la question suivante: si K est un corps global, et H/K une algèbre de quaternions telle que pour tous les complétés K_v de K , le groupe $H_v/\{\mp 1\}$ soit simple (où $H_v = H \otimes K_v$), est-ce que $H^1/\{\mp 1\}$ est un groupe simple ?

Le groupe des <u>commutateurs</u> d'un groupe G est le groupe engendré par les éléments de G de la forme $uvu^{-1}v^{-1}$, $u,v \in G$. Le groupe des commutateurs de $H^{\cdot}$ est donc contenu dans H^1 .

PROPOSITION 3.5. <u>Le groupe des commutateurs de</u> $H^{\cdot}$ <u>est égal à</u> H^1 .

PREUVE : Soit h un quaternion de norme réduite 1 . Si l'algèbre $K(h)$ est une algèbre séparable quadratique sur K , le théorème 90 de Hilbert montre l'existence d'un élément $x \in K(h)^{\cdot}$ tel que $h = x\bar{x}^{-1}$. On peut d'ailleurs vérifier cette propriété directement : si $K(h)$ est un corps, on choisit $x = h+1$ si $h \neq -1$, et $x \in H_0^{\cdot}$ si $h = -1$; si $K(h)$ n'est pas un corps, il est isomorphe à $K+K$, et si $h = (a,b) \in K+K$, est de norme $ab = 1$, on choisit $x = (c,d)$ avec $cd^{-1} = a$. Comme $x, \bar{x}$ sont conjugués par un automorphisme intérieur (puisqu'ils vérifient le même polynôme minimal), on en déduit que h est un commutateur. Si $K(h)/K$ n'est pas quadratique séparable, on a $h = \bar{h}$, donc $(h-1)^2 = 0$. Si H est un corps $h = 1$, sinon H est isomorphe à $M(2,K)$, et l'on admettra le résultat que $SL(2,K)$ est le groupe des commutateurs de $GL(2,K)$, cf. Dieudonné [1].

L'interprétation du groupe $\mathbb{H}^1/\{\mp 1\}$ comme le groupe des rotations de $\mathbb{R}^3$ permet de déterminer la structure des groupes de quaternions réels finis de celles des groupes finis de rotations (Coxeter, [1]). Commençons par rappeler la structure bien connue des groupes finis de rotations.

THEOREME 3.6. <u>Les groupes finis de rotations dans</u> $\mathbb{R}^3$ <u>sont</u> (Coxeter [1], ch. 4) :

- <u>des groupes cycliques d'ordre</u> n , <u>notés</u> C_n
- <u>des groupes diédraux d'ordre</u> $2n$, <u>notés</u> D_n
- <u>trois groupes exceptionnels</u>: <u>le groupe tétraédral d'ordre</u> 12 <u>isomorphe au groupe alterné</u> A_4 , <u>le groupe octaédral d'ordre</u> 24 <u>isomorphe au groupe symétrique</u> S_4 <u>et le groupe icosaédral d'ordre</u> 60 <u>isomorphe au groupe alterné</u> A_5 .

Un groupe fini de quaternions réels ne contient que des éléments de norme réduite 1 . S'il ne contient pas -1 , il est isomorphe à un groupe fini de rotations, ne contenant aucune rotation d'angle π , cf. démonstration du théorème 3.4 . C'est donc un groupe cyclique d'ordre impair. S'il contient -1 , c'est l'image réciproque par l'application $(\cos\alpha + r\sin\alpha) \to (r, 2\alpha)$ d'un groupe fini de quaternions réels. Il peut être pratique d'avoir une description explicite de ces groupes : on l'obtient en plaçant les polyèdres réguliers dans un repère convenable, et en utilisant la description géométrique des groupes.
Les éléments i , j , k de $\mathbb{H}^1$ vérifiant les relations classiques $i^2 = -1$, $j^2 = -1$, $k = ij = -ji$, sont identifiés à une base orthonormale de $\mathbb{R}^3$ et l'on place les polyèdres comme indiqué sur les figures.

L'origine est toujours le barycentre.

<u>Le groupe diédral</u> d'ordre $2n$ (Fig 1) : groupe des rotations d'un polygone régulier à n sommets, engendré par les rotations $(i,2\pi/n)$ et (j,π).

<u>Le groupe</u> A_4 (Fig 2) : groupe des rotations d'un tétraèdre régulier, formé de l'identité, des rotations d'angle $\mp 2\pi/3$, d'axes les droites joignant les sommets aux milieux des faces opposées, et des rotations d'angles π, d'axes les droites joignant les milieux de deux arêtes opposées.
Le groupe de symétrie du tétraèdre est le groupe symétrique S_4 opérant sur ses 4 sommets. Le groupe des rotations est isomorphe au groupe alterné A_4.

<u>Le groupe</u> S_4 (Fig 3,4) : groupe des rotations d'un cube ou d'un octaèdre régulier. Le groupe du cube est engendré par le groupe du tétraèdre circonscrit et par les rotations d'angle $\pi/4$ autour des médiatrices de faces opposées.
Le groupe des rotations du cube permute les 4 diagonales et est isomorphe au groupe symétrique S_4.

<u>Le groupe</u> A_5 (Fig 5,6) : groupe des rotations d'un icosaèdre ou d'un dodécaèdre régulier. Le groupe du doécaèdre est engendré par le groupe du tétraèdre circonscrit et par les rotations d'angle $2\pi/5$ autour des médiatrices des faces opposées.
Les vingt sommets du dodécaèdre sont les sommets de 5 tétraèdres inscrits. Chaque rotation est une permutation paire de ces 5 tétraèdres et le groupe icosaédral est isomorphe au groupe alterné A_5.

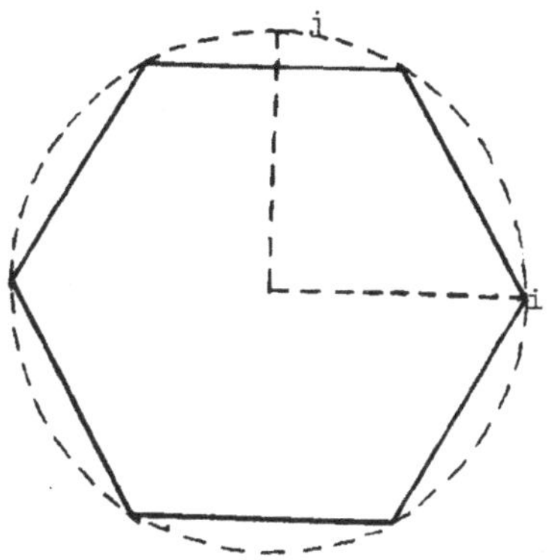

Fig 1

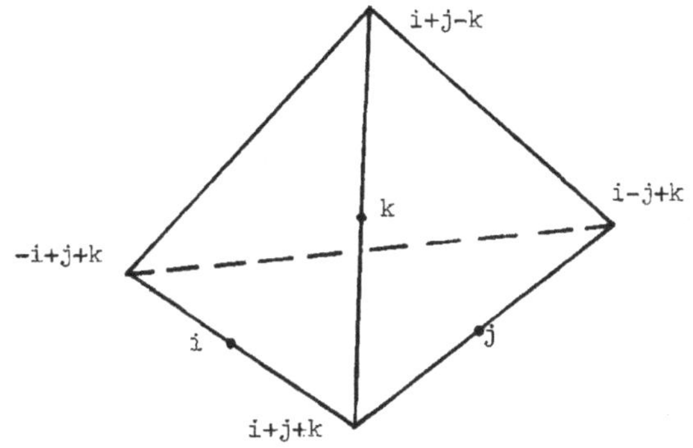

Fig 2 Le tétraèdre régulier

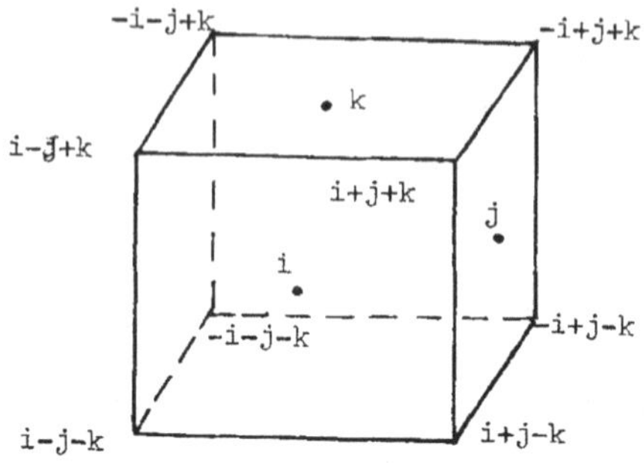

Fig 3 Le cube

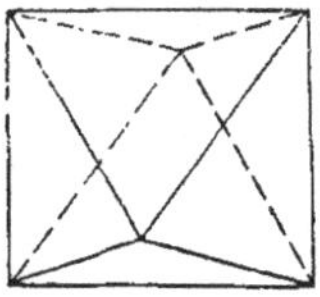

Fig 4
L'octaèdre régulier

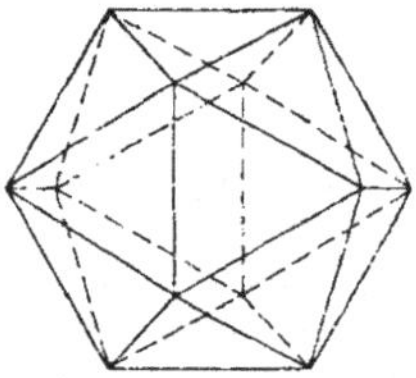

Fig 5
L'icosaèdre régulier

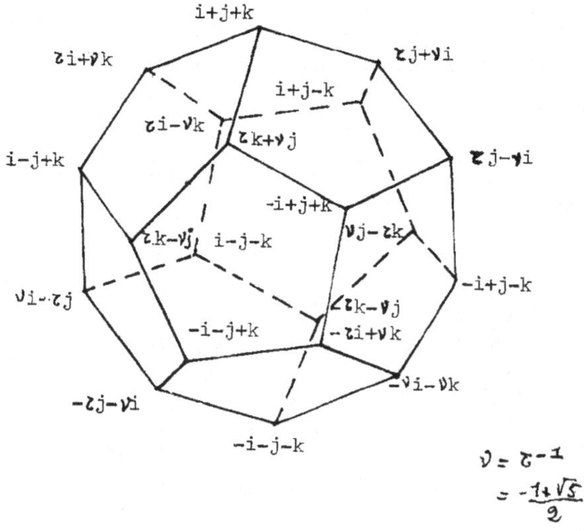

Fig 6 Le dodécaèdre régulier

THEOREME 3.7 (Groupes finis de quaternions réels). Les sous-groupes finis de $\mathbb{H}^{\cdot}$ sont conjugués aux groupes suivants :

(1) groupes cycliques d'ordre n engendrés par $s_n = \cos 2\pi/n + i \sin 2\pi/n$

(2) groupes d'ordre $4n$ engendrés par s_{2n} et j appelés dicycliques

(3) groupe d'ordre 24 , appelé le groupe binaire tétraédral,

$$E_{24} = \{\mp 1 \,,\, \mp i \,,\, \mp j \,,\, \mp ij \,,\, \frac{\mp 1 \mp i \mp j \mp ij}{2}\}$$

(4) groupe d'ordre 48 , appelé le groupe binaire octaédral,

$E_{48} = E_{24} \cup \{2^{-\frac{1}{2}}x$, x = toute somme ou toute différence possible de deux éléments distincts choisis parmi $1 , i , j , ij\}$

(5) groupe d'ordre 120 , appelé le groupe binaire icosaédral,

$E_{120} = E_{24} \cup \{2^{-1}x$, x = tout produit d'un élément de E_{24} par $+i +\tau j +\tau^{-1} ij$, où $\tau = (\sqrt{5}+1)/2\}$.

On obtient par la même occasion la description des groupes finis possibles de toute algèbre de quaternions admettant un plongement dans $\mathbb{H}$, i.e. telle que le centre K se plonge dans $\mathbb{R}$, et $H_{\mathbb{R}} = \mathbb{H}$.

Générateurs et relations (Coxeter [2], p. 67-68). Soit (p,q,r) le groupe défini par :

$$x^p = y^q = z^r = xyz = 1$$

ce groupe est fini pour $(2,2,n)$, $(2,3,3)$, $(2,3,4)$, $(2,3,5)$ et isomorphe aux groupes de rotations D_n , A_4 , S_4 , A_5 . En utilisant la correspondance $2 \longleftrightarrow 1$ donnée par l'application $(\cos \alpha + r \sin \alpha) \rightarrow (r, 2\alpha)$ définie dans la preuve du théorème 3.4, on voit que le groupe $\langle p,q,r \rangle$ défini par :

$$x^p = y^q = z^r = xyz = u \,,\, u^2 = 1$$

admet comme cas particuliers, le groupe dicyclique $\langle 2,2,n \rangle$ d'ordre $4n$, le groupe binaire tétraédral $\langle 2,3,3 \rangle$ d'ordre 24 , le groupe binaire octaédral $\langle 2,3,4 \rangle$ d'ordre 48 , le groupe binaire icosaédral $\langle 2,3,5 \rangle$ d'ordre 120 .

PROPOSITION 3.8 (Isomorphismes classiques). Le groupe binaire tétraédral est isomorphe au groupe $SL(2,\mathbb{F}_3)$. Le groupe binaire icosaédral est isomorphe au groupe $SL(2,\mathbb{F}_5)$.

Nous démontrerons ces isomorphismes dans le chapitre V, §3 .

EXERCICES.

3.1 Groupes d'isotropie des groupes finis de quaternions (Vigneras [3]).
Soient K une extension finie de $\mathbb{Q}$ et H/K une algèbre de quaternions admettant un plongement dans $\mathbb{H}$. Le groupe $H^{\cdot}$ opère par automorphisme intérieur sur H^1. Montrer que les groupes d'isotropie dans $H^{\cdot}$ des sous-groupes finis de H^1 sont donnés par le tableau :

groupe	groupe d'isotropie
cyclique $\langle s_n\rangle$, $n > 2$	$\langle K(s_n)^{\cdot}, t_n\rangle$ où $t_n s_n = s_n^{-1} t_n$, $t_n \in H^{\cdot}$
dicyclique $\langle s_{2n}, j\rangle$, $n \geq 2$	$\langle s_{2n}, j, 1+s_{2n}, K^{\cdot}\rangle$
binaire tétraédral E_{24}, ou $\langle i,j\rangle$	$\langle K^{\cdot}E_{24}, 1+i\rangle$
binaire octaédral E_{48}	$K^{\cdot}E_{48}$
binaire icosaédral E_{120}	$K^{\cdot}E_{120}$

3.2 Ordre des éléments des groupes finis de quaternions.

1) Montrer que les éléments du groupe quaternionien d'ordre $4n$, de générateurs s_{2n} et j, de la forme $s_{2n}^t j$, où $0 \leq t \leq 2n-1$, sont tous d'ordre 4.

2) Trouver dans les groupes binaires E_{24}, E_{48}, E_{120} le nombre d'éléments d'ordre donné (il suffit de remarquer que les éléments de trace réduite 0, resp. -1, 1, $\mp\sqrt{2}$, τ ou $-\tau^{-1}$, τ^{-1} ou $-\tau$, sont d'ordre 4, resp. 3, 6, 8, 5, 10).

3) Déduire de 2) que le groupe binaire octaédral E_{48} n'est pas isomorphe au groupe $GL(2,\mathbb{F}_3)$ d'ordre 48 [1].

3.3 Une caractérisation des corps de quaternions (Van Praag [1]).
Montrer que si H est un corps de quaternions de centre un corps commutatif K, alors l'ensemble formé de 0 et des éléments $x \in H$, $x^2 \in K$, mais $x \notin K$ est un groupe additif. Réciproquement, si H est un corps de caractéristique différente de 2, tel que l'ensemble précédent soit un groupe additif non réduit à 0, alors H est un corps de quaternions.

[1] Cette remarque m'a été amicalement faite par Daniel Perrin.

3.4 <u>Rotations de</u> H (Dieudonné [2] ou Bourbaki [3]). Une rotation de H est une isométrie propre de l'espace quadratique sous-jacent à H . Montrer que toutes les rotations de H sont les applications de la forme :

$$u_{a,b} : x \to axb$$

où a,b sont deux quaternions tels que $n(a)n(b) \neq 0$. Montrer que deux rotations $u_{a,b}$ et $u_{c,d}$ sont égales si et seulement si $a = kc$, $b = k^{-1}d$, où k est un élément non nul du centre de H . On suppose la caractéristique différente de 2 .

4 ORDRES ET IDEAUX

Ce paragraphe est destiné à donner les définitions de base sur les ordres, les idéaux, et les discriminants réduits qui seront utilisés dans les chapitres suivants, quand K est un corps local ou un corps global. Notre but n'est pas de refaire la théorie des réseaux sur un anneau de Dedekind, mais de préciser quelles définitions sont adoptées. Pour un exposé plus complet, on conseille le livre de Reiner [1] ou de Deuring [1]. Les notations utilisées seront standard dans les chapitres suivants.

Soit R un <u>anneau de Dedekind</u>, i.e. un anneau noethérien, intégralement clos (donc intègre) tel que tout idéal premier non nul est maximal.

EXEMPLES : $\mathbb{Z}$, $\mathbb{Z}[1/p]$ pour p premier, $\mathbb{Z}[i]$ et plus généralement l'anneau des entiers d'un corps local ou global (ch.II et ch.III).

Soit K le <u>corps des fractions de</u> R et H/K une <u>algèbre de quaternions sur</u> K . Dans la suite de ce §, on fixe R , K , H .

DEFINITIONS. Un R-<u>réseau</u> d'un K-espace vectoriel V est un R-module à engendrement fini contenu dans V . Un R-réseau <u>complet</u> de V est un R-réseau L de V tel que $K \otimes_R L \simeq V$.

DEFINITION. Un élément $x \in H$ est <u>entier</u> (sur R) si $R[x]$ est un R-réseau de H .

LEMME 4.1 (Bourbaki [1]). <u>Un élément</u> $x \in H$ <u>est entier si et seulement si sa trace réduite et sa norme réduite sont des éléments de</u> R .

C'est avec ce lemme que l'on reconnait si un élément est entier. Contrairement au cas commutatif, la somme et le produit de deux entiers ne sont pas toujours entiers : c'est la source de beaucoup d'ennuis si on veut faire des calculs très "explicites". Ce n'est pas surprenant, dans le cas de $M(2,\mathbb{Q})$ par exemple, les matrices suivantes sont entières

$$\begin{pmatrix} 1/2 & -3 \\ 1/4 & 1/2 \end{pmatrix}, \begin{pmatrix} 0 & 1/5 \\ 5 & 0 \end{pmatrix}$$

mais ni leur somme, ni leur produit ne sont entiers.

<u>L'ensemble des entiers ne forme pas un anneau</u>, et l'on est amené à considérer certains sous-anneaux d'entiers appelés des ordres.

DEFINITION. Un <u>idéal</u> de H est un R-réseau complet. Un <u>ordre</u> $\mathcal{O}$ de H est :
(1) un idéal qui est un anneau,
ou, ce qui est équivalent :
(2) un anneau d'entiers $\mathcal{O}$ contenant R, tel que $K\mathcal{O} = H$.
Un ordre <u>maximal</u> est un ordre qui n'est pas contenu dans un autre ordre, distinct de lui-même. Un <u>ordre d'Eichler</u> est l'intersection de deux ordres maximaux.

Il existe certainement des idéaux, par exemple le R-module libre $L = R(a_i)$ engendré par une base (a_i) de H/K. Soit I un idéal, on lui associe canoniquement deux ordres :

$$\mathcal{O}_g = \mathcal{O}_g(I) = \{h \in H \text{ , } hI \subset I\}$$
$$\mathcal{O}_d = \mathcal{O}_d(I) = \{h \in H \text{ , } Ih \subset I\}$$

appelés son <u>ordre à gauche</u>, et son <u>ordre à droite</u> respectivement. Ce sont des ordres : anneaux, R-modules, c'est évident. Réseaux complets car si $a \in R \cap I$, $\mathcal{O}_g \subset a^{-1}I$ et si h est un élément de H, il existe $b \in R$, tel que $bh\, I \subset I$, d'où $H = K\mathcal{O}_g$.

PROPOSITION 4.2 (Propriétés des ordres). <u>Les définitions</u> (1) <u>et</u> (2) <u>des ordres sont équivalentes</u>. <u>Il existe des ordres</u>. <u>Tout ordre est contenu dans un ordre maximal</u>.

PREUVE : La définition (2) montre que tout ordre est contenu dans un ordre maximal. Il est clair que (1) entraîne (2). Inversement, soit (a_i) une base de H/K contenue dans $\mathcal{O}$. Un élément h de $\mathcal{O}$ s'écrit $h = \Sigma\, x_i a_i$, $x_i \in K$. Comme $\mathcal{O}$ est un anneau, $ha_i \in \mathcal{O}$ et $t(ha_i) = \Sigma\, x_j t(a_j a_i) \in R$. La règle de Cramer entraîne $L \subset \mathcal{O} \subset dL$ où $d^{-1} = \text{dét}(t(a_j a_i)) \neq 0$. On en déduit que $\mathcal{O}$ est un idéal, donc (1) implique (2).

DEFINITION. On dit que l'idéal I est à gauche de $\mathcal{O}_g$, à droite de $\mathcal{O}_d$, bilatère si $\mathcal{O}_g = \mathcal{O}_d$, normal si $\mathcal{O}_g$ et $\mathcal{O}_d$ sont maximaux, entier s'il est contenu dans $\mathcal{O}_g$ et dans $\mathcal{O}_d$, principal si $I = \mathcal{O}_g h = h\mathcal{O}_d$.
Son inverse est $I^{-1} = \{h \in H, IhI \subset I\}$.
Le produit IJ de deux idéaux I, J est l'ensemble des sommes finies des éléments hk, où $h \in I$, $k \in J$. Il est évident que le produit IJ de deux idéaux I et J est un idéal.

LEMME 4.3 (1) Le produit des idéaux est associatif.

(2) L'idéal I est entier si et seulement s'il est contenu dans l'un de ses ordres.

(3) L'inverse d'un idéal I est un idéal I^{-1} vérifiant

$$\mathcal{O}_g(I^{-1}) \supset \mathcal{O}_d(I) \ , \ \mathcal{O}_d(I^{-1}) \supset \mathcal{O}_g(I) \ , \ II^{-1} \subset \mathcal{O}_g(I), I^{-1}I \subset \mathcal{O}_d(I).$$

PREUVE : (1) est clair, car le produit dans H est associatif.

(2) $I \subset \mathcal{O}_g$ implique $II \subset I$ donc $I \subset \mathcal{O}_d$.

(3) Soit $m \in R^{\cdot}$ tel que $mI \subset \mathcal{O}_g \subset m^{-1}I$. On a d'une part $I.m\mathcal{O}_g.I \subset \mathcal{O}_g I = I$ donc $m\mathcal{O}_g \subset I^{-1}$ et d'autre part $m^{-1}II^{-1}m^{-1}I \subset m^{-2}I$ donc $I^{-1} \subset m^{-2}I$. On en déduit que I^{-1} est un idéal. On a $I\mathcal{O}_d I^{-1}\mathcal{O}_g I \subset I$ donc $\mathcal{O}_g(I^{-1}) \supset \mathcal{O}_D$ et $\mathcal{O}_d(I^{-1}) \supset \mathcal{O}_g$. On a $II^{-1}I \subset I$ donc $II^{-1} \subset \mathcal{O}_g$, et $I^{-1}I \subset \mathcal{O}_d$.

Propriétés des idéaux principaux.
Soient $\mathcal{O}$ un ordre, et $I = \mathcal{O}h$ un idéal principal. L'ordre à gauche de I est égal à l'ordre $\mathcal{O}$, et son ordre à droite $\mathcal{O}'$ est l'ordre $h^{-1}\mathcal{O}h$. On a donc aussi $I = h\mathcal{O}'$. Nous considérons un idéal $I' = \mathcal{O}h'$ principal, d'ordre à gauche $\mathcal{O}'$. Nous avons :

$$I^{-1} = h^{-1}\mathcal{O} = \mathcal{O}'h^{-1}$$

$$II^{-1} = \mathcal{O} \ , \ I^{-1}I = \mathcal{O}'$$

$$I' = \mathcal{O}hh' = hh'\mathcal{O}'' \ , \text{ où } \mathcal{O}'' = h'^{-1}\mathcal{O}'h' \text{ est l'ordre à droite de } I'.$$

Nous avons donc les règles de multiplication suivantes :

$$\mathcal{O}_g(I) = \mathcal{O}_d(I^{-1}) = II^{-1} \ , \ \mathcal{O}_d(I) = \mathcal{O}_g(I^{-1}) = I^{-1}I \ , \ \mathcal{O}_g(IJ) = \mathcal{O}_g(I) \ ,$$

$$\mathcal{O}_d(IJ) = \mathcal{O}_d(J) \ , \ (IJ)^{-1} = J^{-1}I^{-1} \ ,$$

Nous supposerons désormais que les règles de multiplication ci-dessus sont vérifiées pour les ordres et les idéaux que nous considérerons. Ce sera toujours vrai dans les cas qui nous intéressent.

DEFINITION. Le produit IJ de deux idéaux I et J est un <u>produit cohérent, si</u> $\mathcal{O}_g(J) = \mathcal{O}'_d(I)$.

Soient I, J, C, D quatre idéaux tels que les produits CJ , JD soient cohérents. Alors l'égalité $I = CJ = JD$ est équivalente à $C = IJ^{-1}$ et $D = J^{-1}I$.

LEMME 4.4. <u>La relation</u> $I \subset J$ <u>est équivalente à</u> $I = CJ$ <u>et à</u> $I = JD$, <u>où</u> C <u>et</u> D <u>sont des idéaux entiers et les produits sont cohérents</u>.

Nous supposerons désormais tous les produits d'idéaux cohérents.

<u>Idéaux bilatères</u>.

DEFINITION. Soit $\mathcal{O}$ un ordre. On dit qu'un idéal bilatère, entier, distinct de $\mathcal{O}$ est <u>premier</u>, s'il est non nul, et si l'inclusion $IJ \subset P$, implique $I \subset P$ ou $J \subset P$, quelque soit les deux idéaux entiers bilatères I , J de $\mathcal{O}$.

THEOREME 4.5. <u>Les idéaux bilatères de</u> $\mathcal{O}$ <u>forment un groupe libre engendré par les idéaux premiers</u>.

PREUVE : Les règles de multiplication montrent que si I , J sont deux idéaux bilatères de $\mathcal{O}$ tels que $I \subset J$, alors IJ^{-1} et $J^{-1}I$ sont entiers, et bilatères. Si I est un idéal bilatère, s'il est contenu dans un idéal $J \neq I$, on aura donc $I = JI'$ où I' est entier, bilatère, et contient strictement I . Comme $\mathcal{O}$ est un R-module de type fini, toute chaîne strictement croissante d'idéaux est finie. Nous aurons démontré la factorisation des idéaux bilatères entiers de $\mathcal{O}$, si nous montrons qu'un idéal I qui n'est strictement contenu dans aucun idéal distinct de $\mathcal{O}$ est premier. Soient I un tel idéal, et J , J' deux idéaux entiers, bilatères de $\mathcal{O}$ tels que $JJ' \subset I$. Si $J \not\subset I$, l'idéal $I+J$ contient strictement I , donc est égal à $\mathcal{O}$. On a $IJ' + JJ' = J'$, donc $J' \subset I$. On en déduit que I est un idéal premier. Inversement un idéal premier n'est strictement contenu dans aucun idéal bilatère entier distinct de $\mathcal{O}$. Car, si P est un idéal premier, et I un idéal entier bilatère de $\mathcal{O}$, tel que $P \subset I$, on a $P = I(I^{-1}P)$, où $J = I^{-1}P$ est un idéal entier bilatère. On en déduit que $J \subset P$, ce qui est absurde. On en déduit que si Q est un autre idéal premier, $QP = PQ'$ (en appliquant le processus de factorisation) où $Q' \subset Q$ donc $Q' = Q$. Le produit de deux idéaux bilatères est donc commutatif. On voit immédiatement que la factorisation est unique (utiliser que si un produit d'idéaux premiers est contenu dans un idéal premier P, l'un au moins des facteurs du produit est égal à P). Le théorème est démontré.

Soit I un idéal d'ordre à gauche $\mathcal{O}$, et soit P un idéal premier de $\mathcal{O}$. Le produit $I^{-1}PI$ est un idéal bilatère de l'ordre à droite de I. Notons $\mathcal{O}'$ cet ordre. Si I est un idéal bilatère, $I^{-1}PI = P$. Sinon, $\mathcal{O}' \neq \mathcal{O}$, et l'idéal $P' = I^{-1}PI$ est un idéal premier de $\mathcal{O}'$, indépendant du choix de l'idéal I d'ordre à gauche $\mathcal{O}$ et d'ordre à droite $\mathcal{O}'$. La vérification est immédiate. Pour démontrer que P' est premier, il suffit d'utiliser que les idéaux bilatères de $\mathcal{O}'$ s'écrivent $I^{-1}JI$ où J est un idéal bilatère de $\mathcal{O}$, et d'appliquer la définition des idéaux premiers. Pour démontrer que P' est indépendant de I, il suffit d'utiliser que les idéaux à gauche de $\mathcal{O}$ et à droite de $\mathcal{O}'$ s'écrivent IJ' ou JI, où J' est un idéal bilatère de $\mathcal{O}'$ et J un idéal bilatère de $\mathcal{O}$.

DEFINITION. Un ordre $\mathcal{O}'$ est dit <u>lié</u> à $\mathcal{O}$, s'il est l'ordre à droite d'un idéal à gauche de $\mathcal{O}$. Le <u>modèle de l'idéal bilatère</u> J de $\mathcal{O}$ est l'ensemble des idéaux bilatères $I^{-1}JI$, quand I parcourt les idéaux d'ordre à gauche $\mathcal{O}$.

Avec les notations précédant ces définitions, on a $PI = IP'$, les ordres $\mathcal{O}$, $\mathcal{O}'$ sont liés, et les idéaux bilatères premiers P, P' appartiennent au même modèle. On notera (P) le modèle de P. On définira le produit $(P)I$ en posant $(P)I = PI = IP'$. On voit tout de suite que ce produit est <u>commutatif</u> : $(P)I = I(P)$.

PROPOSITION 4.6. <u>Le produit d'un idéal bilatère</u> J <u>par un idéal</u> I <u>est égal au produit</u> $JI = IJ'$, <u>où</u> J' <u>est un idéal bilatère appartenant au modèle de</u> J.

Par exemple, les ordres maximaux sont liés, et les idéaux normaux commutent aux modèles des idéaux bilatères normaux.

<u>Propriétés des idéaux non bilatères</u>.

Soit $\mathcal{O}$ un ordre. On dit qu'un idéal entier P d'ordre à gauche $\mathcal{O}$ est <u>irréductible</u>, s'il est non nul distinct de $\mathcal{O}$, et maximal pour l'inclusion dans l'ensemble des idéaux entiers d'ordre à gauche $\mathcal{O}$, différents de $\mathcal{O}$.

On laisse en exercice le soin de vérifier les propriétés suivantes (ces propriétés sont démontrées dans Deuring [1], ou Reiner [1]) :

1) P est un idéal maximal dans l'ensemble des idéaux entiers à droite de $\mathcal{O}_d(P)$.

2) Si $\mathcal{O}$ est un ordre maximal, P contient un seul idéal bilatère de $\mathcal{O}$.

3) Si $M = \mathcal{O}/P$, l'idéal $I = \{x \in \mathcal{O}, xM = 0\}$ annulateur de M dans $\mathcal{O}$ est l'idéal bilatère de $\mathcal{O}$ contenu dans P (on suppose $\mathcal{O}$ maximal).

4) Un idéal entier est un produit d'idéaux irréductibles.

DEFINITION. La <u>norme réduite</u> $n(I)$ d'un idéal I est l'idéal fractionnaire de R engendré par les normes réduites de ces éléments. Si $I = \mathcal{O}h$ est un idéal principal, $n(I) = Rn(h)$. Si $J = \mathcal{O}'h'$ est un idéal principal, d'ordre à gauche $\mathcal{O}' = h^{-1}\mathcal{O}h$, on a $IJ = \mathcal{O}hh'$ et $n(IJ) = n(I)n(J)$. Cette dernière relation reste vraie pour les idéaux non principaux. On utilise qu'un idéal est à engendrement fini sur R . On pourra lire la démonstration dans Reiner, ou la faire en exercice. Pour les idéaux que nous considérerons dans les chapitres suivants (principaux ou localement principaux), la <u>multiplicativité de la norme pour les idéaux</u> se déduit de la multiplicativité de la norme sur les idéaux principaux.

<u>Différente et discriminant</u>.

DEFINITION. La <u>différente</u> $\mathcal{O}^{*-1}$ d'une ordre $\mathcal{O}$ est l'inverse du dual de $\mathcal{O}$ pour la forme bilinaire induite par trace réduite : $\mathcal{O}^* = \{x \in H, t(x\mathcal{O}) \subset R\}$. Nous allons montrer que c'est un idéal bilatère entier de $\mathcal{O}$. Sa norme réduite $n(\mathcal{O}^{*-1})$ s'appelle de <u>discriminant réduit</u> de $\mathcal{O}$. On le note $d(\mathcal{O})$.

Nous allons démontrer le lemme suivant :

LEMME 4.7 (1) <u>Soit</u> I <u>un idéal</u>. <u>L'ensemble</u> $I^* = \{x \in H, t(xy) \subset R, \forall y \in I\}$ <u>est un idéal bilatère</u>.

(2) <u>Soit</u> $\mathcal{O}$ <u>un ordre</u>. <u>L'idéal</u> $\mathcal{O}^{*-1}$ <u>est un idéal entier bilatère</u>.

(3) <u>Si</u> $\mathcal{O}$ <u>est un</u> R-<u>module libre de base</u> (u_i) <u>et un anneau principal</u>, <u>alors</u> $n(\mathcal{O}^{*-1})^2 = R(\text{dét}(t(u_iu_j)))$.

PREUVE : (1) Il est clair que I^* est un R-module. Un raisonnement analogue à celui que nous avons utilisé pour montrer l'équivalence des deux définitions des ordres (Proposition 4.1) montre qu'il existe $d \in R$ tel que $d\mathcal{O} \subset I^* \subset d^{-1}\mathcal{O}$, donc I^* est un idéal. Son ordre à gauche $\{x \in H,\ t(xI^*I) \subset R\}$ est égal à son ordre à droite $\{x \in H,\ t(I^*xI) \subset R\}$, car $t(xy) = t(yx)$.

(2) Comme $1 \in \mathcal{O}^*$, on a $\mathcal{O}^*\mathcal{O}^{*-1} \supset \mathcal{O}^{*-1}$.

(3) $\mathcal{O}^*$ est l'idéal engendré sur R par la base duale (u_i^*) définie par $t(u_i u_j^*) = 1$ si $i = j$ et 0 si $i \neq j$. Si $u_i^* = \Sigma\, a_{ij}u_j$, on a $t(u_i u_j^*) = \Sigma\, a_{jk}t(u_i u_k)$. On en déduit $\text{dét}(t(u_i u_j^*)) = \text{dét}(a_{ij})\text{dét}(t(u_i u_j))$. D'autre part, $\mathcal{O}^* = \mathcal{O}x$, $x \in H^\cdot$, car $\mathcal{O}$ est principal, donc $(u_i x)$ est une autre base du R-module $\mathcal{O}^*$. Comme $n(x)^2$ est le déterminant de l'endomorphisme $x \to hx$, cf. §1, on a $\text{dét}(a_{ij}) = n(x)^2 u$, $u \in R^\cdot$. On en déduit que $R(\text{dét}(t(u_i u_j))) = n(\mathcal{O}^*)^{-2} = n(\mathcal{O}^{*-1})^2$. La propriété (3) est vraie même si $\mathcal{O}$ n'est pas principal. On pourra en exercice essayer de le démontrer.

COROLLAIRE 4.8. <u>Soient</u> $\mathcal{O}$ <u>et</u> $\mathcal{O}'$ <u>deux ordres</u>. <u>Si</u> $\mathcal{O}' \subset \mathcal{O}$, <u>on a</u> $d(\mathcal{O}') \subset d(\mathcal{O})$ <u>et</u> $d(\mathcal{O}) = d(\mathcal{O}')$ <u>implique</u> $\mathcal{O} = \mathcal{O}'$.

PREUVE : Si $v_i = \Sigma\, a_{ij}u_j$, on a $\text{dét}(t(v_i v_j)) = (\text{dét}(a_{ij}))^2\text{dét}(t(u_i u_j))$.

Ce corollaire est très utile pour reconnaître si un ordre est maximal.

EXEMPLES : (1) L'ordre $M(2,R)$ dans $M(2,K)$ est maximal car son discriminant réduit est égal à R .

(2) Dans l'algèbre de quaternions $H = \{-1,-1\}$ définie sur $\mathbb{Q}$, cf. §1, l'ordre $\mathbb{Z}(1,i,j,ij)$ de discriminant réduit $4\mathbb{Z}$ n'est pas maximal. Il est contenu dans l'ordre $\mathbb{Z}(1,i,j,(1+i+j+ij)/2)$ de discriminant réduit $2\mathbb{Z}$, maximal comme on le verra dans le chapitre III, ou comme on peut facilement le vérifier.

<u>Classes d'idéaux</u>.

DEFINITION. Deux idéaux I et J sont <u>équivalents à droite</u> si et seulement si $I = Jh$, $h \in H^\cdot$. Les classes des idéaux d'ordre à gauche un ordre $\mathcal{O}$ s'appellent les <u>classes à gauche de</u> $\mathcal{O}$. On définit de façon évidente les <u>classes à droite</u> de $\mathcal{O}$.

On vérifie facilement les propriétés suivantes :

LEMME 4.9 (1) <u>L'application</u> $I \to I^{-1}$ <u>induit une bijection entre les classes à gauche et les classes à droite de</u> $\mathcal{O}$.

(2) Soit J un idéal donné. L'application $I \to JI$ induit une bijection entre les classes à gauche de $\mathcal{O}_g(I) = \mathcal{O}_d(J)$ et les classes à gauche de $\mathcal{O}_g(J)$.

DEFINITION. Le nombre de classes des idéaux liés à un ordre donné $\mathcal{O}$ comme le nombre de classes (fini ou infini) des idéaux à gauche (ou à droite) d'un quelconque de ces ordres. Le nombre de classes de H est le nombre de classes des ordres maximaux.

DEFINITION. Deux ordres conjugués par un automorphisme intérieur de H sont du même type.

LEMME 4.10. Soient $\mathcal{O}$ et $\mathcal{O}'$ deux ordres. Les propriétés suivantes sont équivalentes,

(1) $\mathcal{O}$ et $\mathcal{O}'$ sont du même type.

(2) $\mathcal{O}$ et $\mathcal{O}'$ sont liés par un idéal principal.

(3) $\mathcal{O}$ et $\mathcal{O}'$ sont liés, et si I, J sont des idéaux ayant pour ordre à gauche $\mathcal{O}$ et pour ordre à droite $\mathcal{O}'$ on a : $I = J(A)h$, où $h \in H^{\cdot}$ et (A) est un modèle d'idéal bilatère de $\mathcal{O}$.

PREUVE : Si $\mathcal{O}' = h^{-1}\mathcal{O}h$, l'idéal principal $\mathcal{O}h$ lie $\mathcal{O}$ à $\mathcal{O}'$ et réciproquement. Si $\mathcal{O}' = h^{-1}\mathcal{O}h$, alors $J^{-1}Ih$ est un idéal bilatère de $\mathcal{O}'$. Inversement si $\mathcal{O}$ et $\mathcal{O}'$ sont liés, et si I et J vérifient les conditions de (3) alors $\mathcal{O}' = J^{-1}J = h\mathcal{O}h^{-1}$.

COROLLAIRE 4.11. Le nombre de types t des ordres liés à un ordre donné est inférieur ou égal au nombre de classes h de ces ordres, si h est fini.

Le nombre de types d'ordres de H est le nombre de types des ordres maximaux.

DEFINITION. Soit L/K une algèbre séparable de dimension 2 sur K. Soient B un R-ordre de L et $\mathcal{O}$ un R-ordre de H. Un plongement $f : L \to H$ est un plongement maximal par rapport à $\mathcal{O}/B$ si $f(L) \cap \mathcal{O} = B$. Comme la restriction de f à B détermine f, on dit aussi que f est un plongement maximal de B dans $\mathcal{O}$.

Supposons que $L = K(h)$ soit contenue dans H. D'après le théorème 2.1 la classe de conjugaison de h dans $H^{\cdot}$

$$C(h) = \{xhx^{-1}\ ,\ x \in H^{\cdot}\}$$

est en bijection avec l'ensemble des plongements de L dans H. On a aussi

$$C(h) = \{x \in H \ , \ t(x) = t(h) \ \text{ et } \ n(x) = n(h)\} \ .$$

L'ensemble des plongements maximaux de B dans $\mathcal{O}$ est en bijection avec un sous-ensemble de la classe de conjugaison de h dans $H^\cdot$, égal à

$$C(h,B) = \{xhx^{-1} \ , \ x \in H^\cdot \ , \ K(xhx^{-1}) \cap \mathcal{O} = xBx^{-1}\}$$

et l'on a la réunion disjointe

$$C(h) = \bigcup_B C(h,B)$$

quand B parcourt les ordres de L. Considérons un sous-groupe G du normalisateur de $\mathcal{O}$ dans $H^\cdot$

$$N(\mathcal{O}) = \{x \in H^\cdot \ , \ x\mathcal{O}x^{-1} = \mathcal{O}\} \ .$$

Pour $x \in H^\cdot$, notons $\tilde{x} : y \to xyx^{-1}$ l'automorphisme intérieur de H associé à x, et $\tilde{G} = \{\tilde{x} \ , \ x \in G\}$. L'ensemble $C(h,B)$ est stable pour l'opération à gauche de $\tilde{G}$.

DEFINITION. Une <u>classe de plongements maximaux de</u> B <u>dans</u> $\mathcal{O}$ <u>modulo</u> G est une classe de plongements maximaux de B dans $\mathcal{O}$ pour la relation d'équivalence $f = \tilde{x}f'$, $\tilde{x} \in \tilde{G}$. La <u>classe de conjugaison modulo</u> G de $h \in H^\cdot$ est $C_G(h) = \{xhx^{-1} \ , \ x \in G\}$.

Nous voyons ainsi que l'ensemble des classes de conjugaison modulo G des éléments $x \in H$, tels que $t(x) = t(h)$, $n(x) = n(h)$ est égal à

$$\tilde{G}\backslash C(h) = \bigcup_B \tilde{G}\backslash C(h,B) \ .$$

En particulier si $\operatorname{card}(\tilde{G}\backslash C(h,B))$ est fini et nul pour presque tout ordre $B \subset L$, nous avons

$$\operatorname{card}(\tilde{G}\backslash C(h)) = \sum_B \operatorname{card}(\tilde{G}\backslash C(h,B)) \ .$$

Cette relation est utilisée dans tous les calculs explicites de classes de conjugaison : trace des opérateurs de Hecke (Shimizu [2]), nombre de classes d'idéaux ou de types d'ordres (ch. V), nombre de classes de conjugaison d'un groupe de quaternions de norme réduite 1 de trace réduite donné (ch.IV)).

<u>Groupe des unités d'un ordre</u>.

Les <u>unités</u> d'un ordre sont les éléments inversibles qui sont contenus dans cet ordre ainsi que leurs inverses. Ils forment naturellement un groupe que l'on note $\mathcal{O}^\cdot$. Les <u>unités de norme réduite</u> 1 forment un groupe noté $\mathcal{O}^1$.

LEMME 4.12. <u>Un élément de $\mathcal{O}$ est une unité si et seulement si sa norme réduite est une unité de</u> R .

PREUVE : Si x , x^{-1} appartiennent à $\mathcal{O}$, alors $n(x)$, $n(x^{-1}) = n(x)^{-1}$ sont dans R . Inversement si $x \in \mathcal{O}$, et $n(x)^{-1} \in R$, on a $x^{-1} = n(x)^{-1}\,\bar{x} \in \mathcal{O}$, car $\bar{x} \in \mathcal{O}$.

EXERCICES

4.1 Montrer que si l'ordre à droite d'un idéal est maximal, son ordre à gauche est aussi maximal. En déduire que les ordres maximaux sont les ordres liés à l'un d'entre eux.

4.2 Montrer que si R est principal, l'ordre $M(2,R)$ est principal. En déduire que les ordres maximaux de $M(2,K)$ sont tous <u>conjugués</u>, i.e. du même type.

4.3 Soit H l'algèbre de quaternions $\{-1,-1\}$ sur $\mathbb{Q}$, cf. §1 . Montrer qu'il existe dans un idéal entier un élément de norme réduite minimale. Montrer que si $h \in H$, il existe $x \in \mathbb{Z}(1,i,j,ij)$ tel que $n(x-h) \leqslant 1$, et même dans certains cas $n(x-h) < 1$. En déduire que $\mathbb{Z}(1,i,j,(1+i+j+ij)/2)$ est <u>principal</u>.

4.4 <u>Théorème des quatre carrés</u> (Lagrange). Tout entier est somme de 4 carrés. Le montrer en utilisant 4.3. On pourra d'abord vérifier que l'ensemble des sommes de quatre carrés dans $\mathbb{Z}$ est multiplicativement stable, puis que tout nombre premier est somme de quatre carrés.

4.5 <u>Variétés abéliennes</u> (Shimura [1]). Soit H une algèbre de quaternions sur $\mathbb{Q}$ possédant une R-représentation f . Si $z \in \mathbb{C}$, et $x = \begin{pmatrix} a & b \\ c & d \end{pmatrix} \in M(2,\mathbb{R})$, on note $e(z)$ le vecteur colonne $\binom{z}{1}$ et $x(z) = (az+b)(cz+d)^{-1}$. Soit $\mathcal{O}$ un ordre de H sur $\mathbb{Z}$. Pour tout $z \in \mathbb{C}$ de partie imaginaire strictement positive, soit

$$D(z) = f(\mathcal{O})z = \{f(x)z\,,\, x \in \mathcal{O}\} .$$

Montrer que $D(z)$ est un réseau de $\mathbb{C}^2$, i.e. un sous-groupe discret de $\mathbb{C}^2$ de rang 4 .
Si $a \in H$ est un élément dont le carré a^2 est un nombre rationnel strictement négatif, on pose pour $x \in H$, $\hat{x} = a^{-1}\bar{x}a$. Montrer que $x \to \hat{x}$ est une involution de H , et que $t(x\hat{x})$ est strictement positif si $x \neq 0$.

Montrer qu'il est possible de définir une $\mathbb{R}$-forme bilinéaire $\langle x,y\rangle$ sur $\mathbb{C}^2$ telle que pour tout $x,y \in H$, on ait $\langle f(x)z, f(y)z\rangle = t(a x\bar{y})$.
Vérifier qu'il existe un entier $c \in \mathbb{N}$, tel que $E(x,y) = c\langle x,y\rangle$ soit une forme riemannienne sur le tore complexe $\mathbb{C}^2/D(z)$, i.e.

- $E(x,y)$ est un entier pour tout $(x,y) \in D(z) \times D(z)$
- $E(x,y) = -E(y,x)$
- la forme $\mathbb{R}$-bilinéaire $E(x,\sqrt{-1}y)$ est bilinéaire et définie positive en (x,y).

Il est connu que l'existence d'une forme riemannienne sur un tore complexe est équivalente à l'existence d'une structure de variété abélienne.

4.6 <u>Normalisateur</u>. Soit H/K une algèbre de quaternions, et $h \in H$. Montrer que :

(1) $\mathcal{O}h$ est un idéal si et seulement si h est inversible

(2) $\mathcal{O}h$ est un idéal bilatère si et seulement si (1) est vérifié et $\mathcal{O}h = h\mathcal{O}$

(3) le normalisateur de $\mathcal{O}$ est le groupe formé des éléments $h \in H$ tels que $\mathcal{O}h$ soit un idéal bilatère.

4.7 <u>Equations polynômiales en quaternions</u> (Beck [1]). Soient H/K un corps de quaternions, et $H[x]$ l'ensemble des polynômes $P(x) = \Sigma\, a_i x^i$, où les coefficients a_i appartiennent à H. On munit $H[x]$ d'une structure d'anneau telle que l'indéterminée x commute avec les coefficients.

a) Montrer que tout polynôme $P(x)$ se factorise de manière unique comme le produit d'un polynôme unitaire à coefficients dans K, d'une constante dans $H^\cdot$, et d'un polynôme unitaire de $H[x]$, divisible par aucun polynôme de $K[x]$ différent de l'unité.

b) Montrer que l'équation $P(x) = 0$ a pour solution un élément $x = a$ appartenant à K si et seulement si $x-a$ divise $P(x)$.

c) Montrer que le polynôme $n(P) = \Sigma\, a_i \bar{a}_j x^{i+j}$ est à coefficients dans K. On l'appelle la <u>norme réduite</u> de P.

On cherche les solutions de l'équation $P(x) = 0$ qui appartiennent à H. On les étudie en les reliant aux solutions dans H de l'équation $n(P)(x) = 0$. On peut supposer P unitaire, et n'admettant aucune solution dans K, d'après ce qui précède. Si h est un quaternion, on note P_h son polynôme minimal.

d) Montrer que si P_h divise P , alors tous les conjugués de h dans H sont racines de P . En particulier, l'équation $P(x) = 0$ a une infinité de solutions dans H .

e) Montrer que si P_h ne divise pas P , alors l'équation $P(x) = 0$ a au plus un conjugué de h comme solution. Ceci se produit si et seulement si P_h divise $n(P)$.

f) En déduire que si $P(x) = 0$ n'a qu'un nombre fini de racines, ce nombre est inférieur ou égal au degré de $P(x)$.

g) Supposons que H est le corps $\mathbb{H}$ des quaternions de Hamilton. Montrer que si $P(x)$ n'est pas le polynôme 1 , alors $P(x) = 0$ a toujours une racine dans $\mathbb{H}$, et a une infinité de racines si et seulement si $P(x)$ est divisible par un polynôme irréductible de degré 2 à coefficients réels.

h) Soient $h_1,\dots,h_r$ des éléments de H , n'appartenant pas à K et non conjugués deux à deux, et $m_1,\dots,m_r$ des entiers supérieurs ou égaux à 1. On dit que h est une racine de $P(x)$ de multiplicité m si P_h^m divise $n(P)$, et P_h^{m+1} ne divise pas $n(P)$. Démontrer que si tous les m_i sont égaux à 1 , il existe un unique polynôme unitaire $P(x)$ dont les seules racines soient les quaternions h_i $(1 \leqslant i \leqslant r)$ avec la multiplicité m_i , et que le degré de $P(x)$ est égal à $m = \Sigma\, m_i$. Sinon, montrer qu'il existe une infinité de polynômes unitaires de degré m avec cette propriété.

CHAPITRE II

ALGEBRES DE QUATERNIONS SUR UN CORPS LOCAL

Dans ce chapitre, K est un corps <u>local</u>, c'est-à-dire une extension finie K/K' d'un corps K' appelé son <u>sous-corps premier</u>[1], égal à l'un des corps suivants :

- $\mathbb{R}$ le corps des nombres réels,
- $\mathbb{Q}_p$ le corps des nombres p-adiques,
- $\mathbb{F}_p[[T]]$ le corps des séries formelles à une indéterminée sur le corps fini $\mathbb{F}_p$.

Les corps $\mathbb{R}$, $\mathbb{C}$ sont dits <u>archimédiens</u>, les corps $K \neq \mathbb{R}, \mathbb{C}$ sont dits <u>non archimédiens</u>.

Si $K' \neq \mathbb{R}$ soient R l'<u>anneau des entiers</u> de K et $\pi, k = R/\pi R$ une <u>uniformisante</u> et le <u>corps résiduel</u> de K . On note L_{nr} l'unique extension quadratique de K dans une clôture séparable K_s de K qui est <u>non ramifiée</u>, i.e. vérifiant une des propriétés équivalentes

(1) π est une uniformisante de L_{nr} .

(2) $R^{\cdot} = n(R_L^{\cdot})$ où R_L est l'anneau des entiers de L_{nr} .

(3) $[k_L : k] = 2$, où k_L est le corps résiduel de L_{nr} .

Soit H/K une algèbre de quaternions. Toutes les notions d'ordres et d'idéaux dans H sont relatives à R .

1 CLASSIFICATION

La classification extrêmement simple des algèbres de quaternions sur un corps local est fournie par le théorème suivant.

THEOREME 1.1 (Classification). <u>Sur un corps local</u> $K \neq \mathbb{C}$ <u>il existe un unique corps de quaternions</u>, <u>à isomorphisme près</u>.

Nous avons déjà vu p. 3 que $M(2,\mathbb{C})$ est la seule algèbre de quaternions sur $\mathbb{C}$, à isomorphisme près. Le théorème de Frobenius p. 7 implique le théorème 1.1 pour $K = \mathbb{R}$. Avant la démonstration de ce théorème, donnons quelques applications.

[1] Cette notion de sous-corps premier n'est pas usuelle, mais est pratique pour la suite.

DEFINITION. On définit un isomorphisme de Quat(K) dans $\{\mp 1\}$ en posant pour une algèbre de quaternions H/K, $\varepsilon(H) = -1$ si H est un corps, $\varepsilon(H) = 1$ sinon. On appelle $\varepsilon(H)$ l'<u>invariant de Hasse</u> de H.

Une variante du théorème 1.1 est :

$$\mathrm{Quat}(K) \simeq \{\mp 1\} \quad \text{si} \quad K \neq \mathbb{C} \; , \quad \mathrm{Quat}(\mathbb{C}) \simeq \{1\} \; .$$

DEFINITION. Si la caractéristique de K est différente de 2, et si $a,b \in K^{\cdot}$, l'<u>invariant de Hasse</u> de a,b est défini par

$$\varepsilon(a,b) = \varepsilon(\{a,b\})$$

où $H = \{a,b\}$ est l'algèbre de quaternions décrite par I.(3). Le <u>symbole de Hilbert</u> de a,b est défini par

$$(a,b) = \begin{cases} 1 & \text{si } ax^2+by^2-z^2 = 0 \text{ a une solution non triviale dans } K^3 \\ -1 & \text{sinon} \end{cases}$$

où par solution non triviale, on entend une solution $(x,y,z) \neq (0,0,0)$.

Une variante du théorème 1.1 en caractéristique différente de 2 est l'égalité entre le symbole de Hilbert et l'invariant de Hasse, et les différentes propriétés du symbole de Hilbert qui s'en déduisent.

COROLLAIRE 1.2 (Propriétés du symbole de Hilbert). <u>Soit</u> K <u>un corps local de caractéristique différente de</u> 2. <u>Soient</u> $a, b, c, x, y \in K^{\cdot}$. <u>Le symbole de Hilbert</u> (a,b) <u>est égal à l'invariant de Hasse</u> $\varepsilon(a,b)$. <u>Il vérifie les propriétés suivantes</u> :

(1) $(ax^2,by^2) = (a,b)$ (modulo les carrés),

(2) $(a,b)(a,c) = (a,bc)$ (bilinéarité),

(3) $(a,b) = (b,a)$ (symétrie),

(4) $(a,1-a) = 1$ (symbole),

(5) $(a,b) = 1$, $\forall b \in K^{\cdot}$ <u>implique</u> $a \in K^{\cdot 2}$ (non dégénéré),

(6) $(a,b) = 1$ <u>est équivalent à une des propriétés suivantes</u> :
- $a \in n(K(\sqrt{b}))$ <u>ou</u> $b \in n(K(\sqrt{a}))$
- ax^2+by^2 <u>représente</u> 1.

PREUVE : L'équation $ax^2+by^2-z^2=0$ admet une solution non triviale dans H^3 si et seulement si l'espace vectoriel quadratique V_0 associé aux quaternions purs de $\{a,b\}$ est isotrope. D'après I, corollaire 3.2, l'espace V_0 est isotrope si et seulement si $\{a,b\}$ est isomorphe à une algèbre de matrices. Donc $(a,b) = 1$ si et seulement si $\varepsilon(a,b) = 1$. On en déduit $(a,b) = \varepsilon(a,b)$. Les propriétés (1),(2),(3),(4),(5),(6)

sont des conséquences immédiates des résultats antérieurs.
(1),(3). Définir les éléments i,j par la formule I.1.(3) et remplacer i,j par xi , yj , puis par j,i .
(2). Utiliser le produit tensoriel (I, Théorème 2.9).
(4),(6). Utiliser la caractérisation des algèbres de matrices (I, Corollaire 2.4) et l'étude géométrique (I, Corollaire 3.2).
(5) Provient ce que toute extension quadratique de K se plonge dans le corps de quaternions sur K , si $K \neq \mathbb{C}$. Cette propriété sera démontrée plus loin (II, Corollaire 1.9).

Nous supposons désormais $K \neq \mathbb{R}, \mathbb{C}$. Le théorème de classification résulte de l'énoncé plus précis suivant.

THEOREME 1.3. Soit K un corps local non archimédien. Alors $H = \{L_{nr}, \pi\}$ est l'unique corps de quaternions sur K à isomorphisme près. Une extension finie F/K neutralise H si et seulement si son degré $[F:K]$ est pair.

La deuxième partie est une conséquence facile de la première partie du théorème. Elle admet les deux variantes :

(1) H possède une F-représentation si et seulement si $[F:K]$ est pair.

(2) $\varepsilon(H_F) = \varepsilon(H)^{[F:K]}$.

La démonstration du théorème comporte plusieurs étapes. On considère un corps de quaternions H/K . On étend une valuation v de K en une valuation w de H . On démontre que L_{nr} se plonge dans H . En utilisant I. Corollaires 2.2 et 2.4 on obtient $H \simeq \{L_{nr}, \pi\}$. L'existence de la valuation w donne de plus l'unicité de l'ordre maximal et la structure du groupe des idéaux normaux. Nous allons maintenant suivre ce programme. Référence : Serre [1].

DEFINITION. Une valuation discrète sur un corps[(1)] X est une application $v : X^{\cdot} \to \mathbb{Z}$ vérifiant

(1) $v(xy) = v(x) + v(y)$

(2) $v(x+y) \geqslant \inf(v(x), v(y))$, avec égalité si $v(x) \neq v(y)$

pour tout $x, y \in X^{\cdot}$. Un élément u de valuation minimale non nulle s'appelle une uniformisante de X . On étend v en une application de X dans $\mathbb{Z} \cup \infty$ en posant $v(0) = \infty$. L'ensemble $A = \{x \in X \, , \, v(x) \geqslant 0\}$

(1) Un corps n'est pas nécessairement commutatif ; la traduction française du mot anglais field est corps commutatif.

est un <u>anneau de valuation discrète</u>, associé à v. Son unique idéal premier est $\mathfrak{m} = Au = \{x \in X\ ,\ v(x) > 0\}$. Le corps $A/\mathfrak{m}$ est le <u>corps résiduel</u> et le groupe $A^{\cdot} = \{x \in X\ ,\ v(x) = 0\}$ le groupe des <u>unités</u> de A.

On choisit une valuation discrète v de K ; on peut supposer $v(K^{\cdot}) = \mathbb{Z}$. On définit une application $w : H^{\cdot} \to \mathbb{Z}$ en posant si $h \in H^{\cdot}$,

(3) $$w(h) = v \circ n(h)$$

où $n : H^{\cdot} \to K^{\cdot}$ est la norme réduite. La multiplicativité de la norme réduite (I. Lemme 1.1) implique que w vérifie (1). On utilise le fait bien connu dans les corps locaux commutatifs que la restriction de w à L est une valuation si L/K est une extension de K contenue dans H. On a donc $w(h+k) - w(k) = w(hk^{-1} + 1) \geqslant \inf(w(hk^{-1}), w(1))$ avec égalité si $w(hk^{-1}) \neq w(1)$. On en déduit que w vérifie (2). Nous avons démontré :

LEMME 1.4. <u>L'application</u> w <u>est une valuation discrète de</u> H.

On note $\mathcal{O}$ l'anneau de valuation de w. Pour toute extension finie L/K contenue dans H, l'intersection $\mathcal{O} \cap L$ est l'anneau de valuation de la restriction de w à L. Donc, $\mathcal{O} \cap L$ est l'anneau R_L des entiers de L. On en déduit que $\mathcal{O}$ est un ordre formé de tous les entiers de H. On a donc le :

LEMME 1.5. <u>L'anneau</u> $\mathcal{O}$ <u>de valuation de</u> w <u>est l'unique ordre maximal de</u> H.

On en déduit que tous les idéaux normaux de H sont des idéaux bilatères. Si $u \in \mathcal{O}$ est une uniformisante, $P = \mathcal{O}u$ est l'unique idéal premier de $\mathcal{O}$. Tous les idéaux normaux sont de la forme P^n, $n \in \mathbb{Z}$.

LEMME 1.6. <u>L'extension</u> L_{nr}/K <u>quadratique non ramifiée de</u> K <u>est isomorphe à un sous-corps commutatif de</u> H.

PREUVE : Elle se fait par l'absurde. Si L_{nr} ne se plonge pas dans H, alors pour tout $x \in \mathcal{O}, x \notin R$, l'extension $K(x)/K$ est ramifiée. Il existe $a \in R$ tel que $x - a \in P \cap K(x)$. On peut donc écrire $x = a + uy$ avec $y \in \mathcal{O}$. En itérant ce procédé, l'élément x s'écrit $\sum_{n \geqslant 0} a_n u^n$, $a_n \in R$. Le corps $K(u)$ étant complet est fermé. On a donc $\mathcal{O} \subset K(u)$. C'est une absurdité.

COROLLAIRE 1.7. <u>Le corps de quaternions</u> H <u>est isomorphe à</u> $\{L_{nr}, \pi\}$. <u>Son idéal premier</u> $P = \mathcal{O}u$ <u>vérifie</u> $P^2 = \mathcal{O}\pi$. <u>Son anneau d'entiers</u> $\mathcal{O}$

<u>est isomorphe à</u> $R_L + R_L u$. <u>Le discriminant réduit</u> $d(\mathcal{O})$ <u>de</u> $\mathcal{O}$ <u>est égal à</u> $n(P) = R\pi$.

PREUVE : D'après I. Corollaires 2.2 et 2.4, p. 6, on a $H \simeq \{L_{nr}, x\}$ où $x \in K^{\cdot}$ mais $x \notin n(L_{nr}^{\cdot})$. On a donc d'après (1), (2) p. 31, $x = \pi y^2$ où $y \in K^{\cdot}$. On peut supposer $x = \pi$, d'où la première partie du corollaire. On suppose $H = \{L_{nr}, \pi\}$. L'élément $u \in H$ vérifiant I (1) p. 1 est de valuation minimale non nulle donc $P = \mathcal{O}u$ vérifie $P^2 = \mathcal{O}\pi$. L'idéal premier $R\pi$ est donc <u>ramifié</u> dans $\mathcal{O}$. D'après le lemme 1.4, on a $\mathcal{O} = \{h \in H \text{ , } n(h) \in R\}$. De même, $R_L = \{m \in L_{nr} \text{ , } n(m) \in R\}$. On vérifie facilement que si $h = m_1 + m_2 u$, avec $m_i \in L_{nr}$, la propriété $n(h) \in R$ est équivalente à $n(m_i) \in R$, $i = 1,2$. On démontre ainsi que $\mathcal{O} = R_L + R_L u$. On calcule le discriminant réduit $d(\mathcal{O})$ en utilisant la formule avec le déterminant (I, Lemme 4.7, p. 24). Avec le fait que $d(R_L) = R$, on voit aisément que $d(\mathcal{O}) = R\pi$. On en déduit que $d(\mathcal{O}) = n(P)$ ou bien que la <u>différente</u> de $\mathcal{O}$ est $\mathcal{O}^{*-1} = P$.

DEFINITION. Soit Y/X une extension finie de corps munis de valuations discrètes d'anneaux de valuation A_Y , $A_X = X \cap A_Y$. Soient P_Y , $P_X = P_Y \cap A_X$ les idéaux premiers et k_Y , k_X les corps résiduels correspondants. Le <u>degré résiduel</u> f de Y/X est le degré $[k_Y : k_X]$ de l'<u>extension résiduelle</u> k_Y/k_X . L'<u>indice de ramification</u> de Y/X est l'entier e tel que $A_Y P_X = P_Y^e$.

On en déduit que l'extension quadratique non ramifiée L_{nr}/K a comme indice de ramification 1 , et comme degré résiduel 2 . Le corps de quaternions H/K a comme indice de ramification 2 , et comme degré résiduel 2 .

Soit F/K une extension finie de corps commutatifs, d'indice de ramification e et de degré résiduel f . On a $ef = [F:K]$, car le cardinal de k est fini, et $R_F/\pi R_F \simeq R_F/\pi_F^e R_F$, si π_F est une uniformisante de F .

LEMME 1.8. <u>Les propriétés suivantes sont équivalentes</u> :

(1) f <u>pair</u>

(2) $F \supset L_{nr}$

(3) $F \otimes L_{nr}$ <u>n'est pas un corps</u>.

PREUVE : Pour l'équivalence (1) $\Longleftrightarrow$ (2), voir Serre [1], ch. 1 . Pour l'équivalence (2) $\Longleftrightarrow$ (3), il est commode d'écrire L_{nr} sous la forme $K[X]/(P(X))$ où $(P(X))$ est un idéal premier de l'anneau des polynômes $K[X]$ engendré par un polynôme $P(X)$ de degré 2 . Alors $F \otimes L_{nr}$ est égal à $F[X]/(P(X))_F$ où $(P(X))_F$ est l'idéal engendré par $(P(X))$

dans l'anneau des polynômes $F[X]$. Comme $P(X)$ est un polynôme de degré 2 , il est réductible sur F et seulement s'il admet une racine dans F , i.e. si $F \supset L_{nr}$.

Considérons maintenant $H_F \simeq \{F \otimes L_{nr}, \pi\}$. Si π_F est une uniformisante de F , on peut supposer que $\pi = \pi_F^e$. D'après I. Corollaire 2.4, et le lemme 1 , on voit que si e ou f sont pairs on a $H_F \simeq M(2,F)$, donc F neutralise H . Sinon, c'est-à-dire si $[F:K]$ est impair, $H_F \simeq \{F \otimes L_{nr}, \pi_F\}$ où $F \otimes L_{nr}$ est l'extension quadratique non ramifiée de F dans K_s . Donc H_F est un corps de quaternions sur F . Le théorème 1.2 est démontré complètement.

On déduit la remarque suivante, utile pour la suite.

COROLLAIRE 1.9. <u>Toute extension quadratique de</u> K <u>est isomorphe à un sous-corps de</u> H . <u>Pour qu'un ordre d'un sous-corps commutatif maximal de</u> H <u>se plonge maximalement dans</u> H , <u>il faut et il suffit qu'il soit maximal</u>.

<u>Calcul du symbole de Hilbert</u>.

LEMME 1.10. <u>Si la caractéristique de</u> k <u>est différente de</u> 2 , <u>et si</u> e <u>est une unité de</u> R <u>qui n'est pas un carré</u>, <u>alors l'ensemble</u> $\{1, e, \pi, \pi e\}$ <u>forme un système de représentants dans</u> $K^\cdot$ <u>de</u> $K^\cdot/K^{\cdot 2}$. <u>On a de plus</u> L_{nr} <u>isomorphe à</u> $K(\sqrt{e})$.

PREUVE : On considère le diagramme

$$\begin{array}{ccccccccc} 1 & \longrightarrow & R_1^\cdot & \longrightarrow & R^\cdot & \longrightarrow & k^\cdot & \longrightarrow & 1 \\ & & 2\downarrow & & 2\downarrow & & 2\downarrow & & \\ & & R_1^\cdot & \longrightarrow & R^\cdot & \longrightarrow & k^\cdot & & \end{array}$$

les flèches verticales étant les homomorphismes $h \to h^2$, et $R_1^\cdot = \{h = 1+\pi a \,,\, a \in R\}$. On a $[k^\cdot : k^{\cdot 2}] = 2$, et $R_1^\cdot = R_1^{\cdot 2}$ car

$$(1+\pi a)^{\frac{1}{2}} = 1 + \pi a/2 + \ldots + C_n^{\frac{1}{2}}(\pi a)^n + \ldots$$

converge dans K . Donc $[R^\cdot : R^{\cdot 2}] = 2$, et $[K^\cdot : K^{\cdot 2}] = 4$. Si $e \in R^\cdot - R^{\cdot 2}$, $R^\cdot \subset n(K(\sqrt{e}))$, et ceci caractérise $L_{nr} = K(\sqrt{e})$.
On pose $\varepsilon = 1$ si -1 est un carré dans K , et $\varepsilon = -1$ sinon.

Table du symbole de Hilbert :

a \ b	1	e	π	πe
1	1	1	1	1
e	1	1	-1	-1
π	1	-1	ε	$-\varepsilon$
πe	1	-1	$-\varepsilon$	ε

DEFINITION. Soient p un nombre premier impair, et a un nombre entier premier à p. Le symbole de Legendre $(\frac{a}{p})$ est défini par :

$$(\frac{a}{p}) = \begin{cases} 1 & \text{si } a \text{ est un carré modulo } p \\ -1 & \text{sinon.} \end{cases}$$

On voit immédiatement que le symbole de Hilbert $(a,p)_p$ de a,p dans $\mathbb{Q}_p$ est égal au symbole de Legendre $(\frac{a}{p})$. On peut ainsi calculer facilement le symbole de Hilbert $(a,b)_p$ dans $\mathbb{Q}_p$ de deux nombres entiers a,b, si $p \neq 2$. On utilise les règles de calcul des symboles de Hilbert (Corollaire 2.2) et :

$$(a,b)_p = \begin{cases} 1 & \text{si } p \nmid a,\ p \nmid b \\ (\frac{a}{p}) & \text{si } p \nmid a,\ p \| b \end{cases}$$

2 ETUDE DE $M(2,K)$

Soit V un espace vectoriel de dimension 2 sur K. On suppose fixée une base (e_1,e_2) de V/K telle que $V = e_1K + e_2K$. Cette base permet d'identifier $M(2,K)$ avec l'anneau des endomorphismes $End(V)$ de V. Si $h = (\begin{smallmatrix} a & b \\ c & d \end{smallmatrix}) \in M(2,K)$, on lui associe l'endomorphisme : $v \to v.h$, défini par le produit de la matrice ligne (x,y) par h, si $v = e_1x + e_2y$. On rappelle qu'un réseau complet dans V est un R-module contenant une base de V/K. Si L, M sont deux réseaux complets dans V, on notera $End(L,M)$, ou $End(L)$ si $L = M$, l'anneau des R-endomorphismes de L dans M.

LEMME 2.1 (1) Les ordres maximaux de $End(V)$ sont les anneaux $End(L)$, quand L parcourt les réseaux complets de V.
(2) Les idéaux normaux de $End(V)$ sont les idéaux $End(L,M)$, quand L, M parcourent les réseaux complets de V.

PREUVE : (1) Soient $\mathcal{O}$ un ordre de $End(V)$ et M un réseau complet dans V. On pose $L = \{m \in M,\ m\mathcal{O} \subset M\}$. C'est un R-module contenu dans V. Il existe $a \in R$ tel que $a\, End(M) \subset \mathcal{O} \subset a^{-1} End(M)$. On en déduit que

$aM \subset L \subset M$, donc L est un réseau complet. Il est clair que $\mathcal{O} \subset \mathrm{End}(L)$.
(2) Soit I un idéal à gauche de $\mathrm{End}(L)$. On identifie I à un R-module $f(I)$ de V^2 par l'application : $h \to f(h) = (e_1.h, e_2.h)$. Soit $x_{i,j}$ l'endomorphisme permutant e_1 et e_2 , si $i \neq j$, et si $i = j$ fixant e_i , et envoyant l'autre élément de base sur 0 . On peut supposer que $L = Re_1 + Re_2$, donc $x_{i,j} \in \mathrm{End}(L)$. En choisissant toutes les possibilités pour (i,j) , et en calculant $f(x_{i,j}h)$, on voit que $f(I)$ contient $(e_1.h, 0)$, $(0, e_2.h)$, $(e_2.h, e_1.h)$. Donc $f(I) = M+M$, si l'on pose $M = L.I$. On voit facilement que M est un réseau complet. On en déduit que $I = \mathrm{End}(L,M)$.

Rappelons quelques résultats classiques de la théorie des diviseurs élémentaires.

LEMME 2.2. <u>Soient</u> $L \subset M$ <u>deux réseaux complets de</u> V .
(1) <u>Il existe une</u> R-<u>base</u> (f_1, f_2) <u>de</u> M <u>et une</u> R-<u>base</u> $(f_1\pi^a, f_2\pi^b)$ <u>de</u> L <u>où</u> a,b <u>sont des entiers uniquement déterminés</u>.
(2) <u>Si</u> (f_1, f_2) <u>est une</u> R-<u>base donnée de</u> L , <u>il existe une base unique de</u> M/R <u>de la forme</u> $(f_1\pi^n, f_1r+f_2\pi^m)$, <u>où</u> n,m <u>sont des entiers</u>, <u>et</u> r <u>appartient à un système donné</u> U_m <u>de représentants dans</u> R <u>de</u> $R/\pi^m R$.

PREUVE : On admet (1) qui est classique. On démontre (2). Les bases (f_1a+f_2b, f_1c+f_2d) de M sont telles que la matrice $A = \begin{pmatrix} a & b \\ c & d \end{pmatrix}$ vérifie $L.A = M$. On peut remplacer A par XA si $X \in M(2,R)^{\cdot}$. On vérifie sans peine que l'on peut ainsi se ramener à $A = \begin{pmatrix} \pi^n & r \\ 0 & \pi^m \end{pmatrix}$ où n,m sont des entiers et $r \in U_m$.

Nous allons exprimer ces résultats en termes de matrices :

THEOREME 2.3 (1) <u>Les ordres maximaux de</u> $M(2,K)$ <u>sont conjugués à</u> $M(2,R)$,
(2) <u>les idéaux bilatères de</u> $M(2,R)$ <u>forment un groupe cyclique engendré par l'idéal premier</u> $P = M(2,R)\pi$,
(3) <u>les idéaux entiers à gauche de</u> $M(2,R)$ <u>sont les idéaux distincts</u>

$$M(2,R)\begin{pmatrix} \pi^n & r \\ 0 & \pi^m \end{pmatrix} , \text{ où } n,m \in \mathbb{N} \text{ et } r \in U_m ,$$

<u>où</u> U_m <u>est un système de représentants dans</u> R <u>de</u> $R/\pi^m R$.
(4) <u>Le nombre d'idéaux entiers à gauche de</u> $M(2,R)$ <u>de norme réduite</u> $R\pi^d$ <u>est égal à</u> $1+q+\ldots+q^d$, <u>si</u> q <u>est le nombre d'éléments du corps résiduel</u> $k = R/\pi R$.

DEFINITION. Soient $\mathcal{O} = \mathrm{End}(L)$ et $\mathcal{O}' = \mathrm{End}(M)$ deux ordres maximaux de $\mathrm{End}(V)$, où L,M sont deux réseaux complets de V . Si x,y appartiennent à $K^{\cdot}$, on a aussi $\mathrm{End}(Lx) = \mathcal{O}$ et $\mathrm{End}(My) = \mathcal{O}'$. On peut donc supposer que $L \subset M$. Il existe des bases (f_1, f_2) et $(f_1\pi^a, f_2\pi^b)$ de L/R et M/R, où $a, b \in \mathbb{N}$. L'entier $|b-a|$ ne change pas si l'on remplace L, M par Lx, My. On l'appelle la <u>distance des deux ordres maximaux</u> $\mathcal{O}$ et $\mathcal{O}'$. On le note $d(\mathcal{O}, \mathcal{O}')$.

EXEMPLE. La distance des ordres maximaux $M(2,R)$ et $\begin{pmatrix} R & \pi^{-n}R \\ \pi^n R & R \end{pmatrix}$ est égale à n.

<u>Ordres d'Eichler</u>.

DEFINITION. Un <u>ordre d'Eichler de niveau</u> $R\pi^n$ est l'intersection de deux ordres maximaux de distance n. On note $\mathcal{O}_{\underline{n}}$ l'ordre d'Eichler de niveau $R\pi^n$ égal à

$$\mathcal{O}_{\underline{n}} = M(2,R) \cap \begin{pmatrix} R & \pi^{-n}R \\ \pi^n R & R \end{pmatrix} = \begin{pmatrix} R & R \\ \pi^n R & R \end{pmatrix} .$$

Un ordre d'Eichler de V est de la forme $\mathcal{O} = \mathrm{End}(L) \cap \mathrm{End}(M)$, où L, M sont deux réseaux complets de V que l'on peut supposer de la forme $L = f_1R + f_2R$ et $M = f_1R + f_2\pi^n R$. C'est aussi l'ensemble des endomorphismes $h \in \mathrm{End}(L)$ tels que $f_1.h \in f_1R + L\pi^n$. Les propriétés que nous démontrerons dans le lemme suivant justifient la définition du niveau d'un ordre d'Eichler.

LEMME 2.4 (Hijikata, [1]). <u>Soit</u> $\mathcal{O}$ <u>un ordre de</u> $M(2,K)$. <u>Les propriétés suivantes sont équivalentes</u> :

(1) <u>Il existe un couple unique d'ordres maximaux</u> $(\mathcal{O}_1, \mathcal{O}_2)$ <u>tel que</u> $\mathcal{O} = \mathcal{O}_1 \cap \mathcal{O}_2$.

(2) $\mathcal{O}$ <u>est un ordre d'Eichler</u>.

(3) <u>Il existe un entier</u> $n \in \mathbb{N}$ <u>unique tel que</u> $\mathcal{O}$ <u>soit conjugué à</u> $\mathcal{O}_{\underline{n}} = \begin{pmatrix} R & R \\ \pi^n R & R \end{pmatrix}$.

(4) $\mathcal{O}$ <u>contient un sous-anneau conjugué à</u> $\begin{pmatrix} R & 0 \\ 0 & R \end{pmatrix}$.

PREUVE : Les implications (1) → (2) → (3) → (4) sont évidentes. On va démontrer (4) → (1). Soit $\mathcal{O}$ un ordre contenant $\begin{pmatrix} R & 0 \\ 0 & R \end{pmatrix}$. On vérifie alors facilement qu'il est de la forme $\begin{pmatrix} R & \pi^a R \\ \pi^b R & R \end{pmatrix}$, avec $a+b = m \geqslant 0$.

Un ordre maximal contenant $\mathcal{O}$ est de la forme $\begin{pmatrix} R & \pi^c R \\ \pi^{-c} R & R \end{pmatrix}$, avec $a-m \leqslant c \leqslant a$. On se convaint aisément qu'il existe au plus deux ordres maximaux contenant $\mathcal{O}$, correspondant à $c = a$ et $c = a-m$.

Notons $N(\mathcal{O})$ le <u>normalisateur</u> dans $GL(2,K)$ d'un ordre d'Eichler $\mathcal{O}$ de $M(2,K)$. Par définition $N(\mathcal{O}) = \{x \in GL(2,K) , x\mathcal{O}x^{-1} = \mathcal{O}\}$. Soient $\mathcal{O}_1$,

$\mathcal{O}_2$ les ordres maximaux contenant $\mathcal{O}$. L'automorphisme intérieur associé à un élément de $N(\mathcal{O})$ fixe le couple $(\mathcal{O}_1,\mathcal{O}_2)$. L'étude des idéaux bilatères des ordres maximaux a montré que les idéaux bilatères d'un ordre maximal sont engendrés par les éléments non nuls de K . On a donc $N(\mathcal{O}) = K^{\cdot}\mathcal{O}^{\cdot}$ si $\mathcal{O}$ est maximal. Si $\mathcal{O}$ n'est pas maximal, on peut supposer que $\mathcal{O} = \mathcal{O}_{\underline{n}}$, avec $n \geqslant 1$. On voit alors que $N(\mathcal{O}_{\underline{n}})$ est engendré par $K^{\cdot}\mathcal{O}^{\cdot}_{\underline{n}}$ et $\begin{pmatrix} 0 & 1 \\ \pi^n & 0 \end{pmatrix}$.

On vérifiera sans difficulté que le discriminant réduit d'un ordre d'Eichler est égal à son niveau.

L'arbre des ordres maximaux.

DEFINITIONS (Serre [3], Kurihara [1]). Un graphe X est la donnée

- d'un ensemble S(X) dont les éléments s'appellent les sommets de X ,
- d'un ensemble Ar(X) dont les éléments s'appellent les arêtes de X ,
- d'une application : $Ar(X) \to S(X) \times S(X)$ notée $y \to (s,s')$ où s s'appelle l'origine de y et s' l'extrémité de y ,
- d'une involution de Ar(X) notée $y \to \bar{y}$ telle que l'origine de y soit l'extrémité de $\bar{y}$ et telle que

(1) $y \neq \bar{y}$.

Un chemin d'un graphe X est une suite d'arêtes $(y_1,\ldots,y_{i+1},\ldots)$ telle que l'extrémité de y_i soit l'origine de y_{i+1} , pour tout i . La donnée d'un chemin est équivalente à celle d'une suite de sommets telle que deux sommets consécutifs soient toujours l'origine et l'extrémité d'une arête. Un chemin fini $(y_1,\ldots y_n)$ est dit de longueur n . Il joint l'origine de y_1 à l'extrémité de y_n . Un couple $(y_i,\bar{y}_i)$ dans un chemin s'appelle un aller-retour. Un chemin sans aller-retour, fini, tel que l'origine de y_1 soit l'extrémité de y_n s'appelle un circuit. Un graphe est connexe s'il existe toujours un chemin joignant deux sommets distincts. Un arbre est un graphe connexe et sans circuit.

Nous voyons que l'ensemble X des ordres maximaux de M(2,K) est muni d'une structure de graphe noté X , tel que les ordres maximaux soient les sommets de X et les couples $(\mathcal{O},\mathcal{O}')$ d'ordres maximaux de distance 1 , les arêtes de X .

LEMME 2.5. Soit $\mathcal{O}$ un ordre maximal. Les ordres maximaux situés à une distance n de $\mathcal{O}$ sont les extrémités des chemins sans aller-retour d'origine $\mathcal{O}$, de longueur n .

PREUVE : Soit $\mathcal{O}'$ un ordre maximal tel que $d(\mathcal{O},\mathcal{O}') = n$. Alors $\mathcal{O} = \mathrm{End}(e_1R+e_2R)$ et $\mathcal{O}' = \mathrm{End}(e_1R+e_2\pi^nR)$, pour un choix convenable d'une base (e_1,e_2) de V . La suite de sommets $(\mathcal{O},\mathcal{O}_1,\ldots,\mathcal{O}_i,\ldots,\mathcal{O}')$, où $\mathcal{O}_i = \mathrm{End}(e_1R+e_2\pi^iR)$, $1 \leqslant i \leqslant n-1$, est un chemin sans aller-retour joignant $\mathcal{O}$ à $\mathcal{O}'$, de longueur n .
Inversement soit un chemin de longueur $n > 2$ donné par une suite $(\mathcal{O}_o,\ldots,\mathcal{O}_n)$ de sommets. Il existe des R-réseaux $L_i \supset L_{i+1} \supset L_{i\pi}$ tels que $\mathcal{O}_i = \mathrm{End}(L_i)$ pour $0 \leqslant i \leqslant n$. Le chemin est sans aller-retour si $L_i\pi \neq L_{i+2}$ pour tout $0 \leqslant i \leqslant n-2$. On a

$$\begin{array}{ccccc} & \supset & L_i\pi & \supset & \\ L_{i+1} & & & & L_{i+1}\pi \\ & \supset & L_{i+2} & \supset & \end{array}$$

et $L_{i+1}/L_{i+1}\pi$ est un k-espace vectoriel de dimension 2 . Donc, $L_i\pi + L_{i+2} = L_{i+1}$ d'où $L_i\pi + L_{i+j+2} = L_{i+1}$, pour tout $i,j \geqslant 0$, $i+j+2 \leqslant n$. Donc $L_o\pi$ ne contient pas L_i pour tout $i \geqslant 1$ d'où $d(\mathcal{O}_o,\mathcal{O}_i)=i$ pour $1 \leqslant i \leqslant n$.

COROLLAIRE 2.6. <u>Les ordres maximaux forment un arbre</u>.

<u>Dessin de l'arbre si le nombre des éléments de</u> k <u>est</u> $q = 2$.

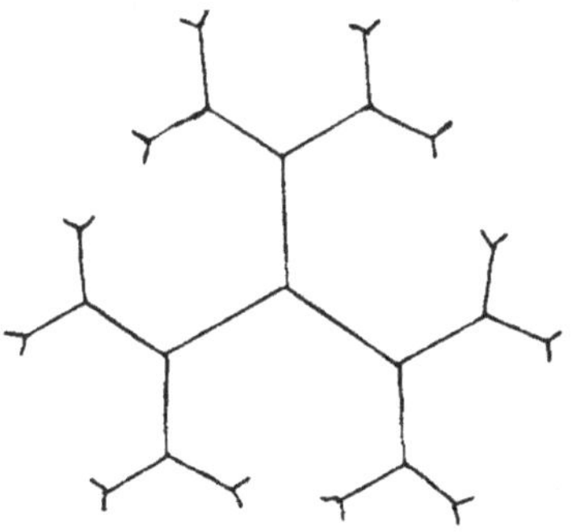

On remarquera que l'arbre ne dépend que de la valeur de q . Le nombre de sommets de l'arbre situés à une distance n de l'un d'eux est $q^{n-1}(1+q)$. C'est aussi le nombre des ordres d'Eichler de niveau $R\pi^n$ contenu dans $M(2,R)$.

EXERCICES

2.1 Soit $\mathbb{Z}[X]$ le groupe libre engendré par les sommets de l'arbre. On définit des homomorphismes de $\mathbb{Z}[X]$ en posant (Serre [3] p. 102), pour tout entier $n \geq 0$:

$$f_n(\mathcal{O}) = \sum_{d(\mathcal{O},\mathcal{O}')=n} \mathcal{O}' .$$

Vérifiez à l'aide de la description de l'arbre les relations :

$$f_1 f_1 = f_2 + (q+1) f_o \quad , \quad f_1 f_n = f_{n+1} + q f_{n-1} \quad \text{si} \quad n \geq 2 .$$

On pose $T_o = f_o$, $T_1 = f_1$, $T_n = f_n + T_{n-2}$ si $n \geq 2$. Montrer que les nouveaux homomorphismes T_n vérifient pour tout entier $n \geq 1$, l'unique relation :

$$T_1 T_n = T_{n+1} + q T_{n-1} .$$

En déduire l'identité

$$\sum_{n \geq 0} T_n x^n = (1 - T_1 x + q x^2)^{-1}$$

où x est une indéterminée.

2.2 Le groupe $PGL(2,K)$ opère naturellement sur l'arbre X des ordres maximaux. A $g \in GL(2,K)$, $\mathcal{O} \in S(X)$, on associe l'ordre maximal $g\mathcal{O}g^{-1}$. Montrer que l'opération de $PGL(2,K)$ est transitive et que $S(X)$ s'identifie à $PGL(2,K)/PGL(2,R)$. Montrer que l'orbite d'un ordre maximal $\mathcal{O} \in S(X)$ pour l'opération de $PSL(2,K)$ est formée des ordres maximaux situés à une distance paire de $\mathcal{O}$.

2.3 On dit qu'un groupe G opérant sur un graphe X opère <u>avec inversion</u> s'il existe $g \in G$, $y \in Ar(X)$ tels que $gy = \bar{y}$. Montrer que $PGL(2,K)$ opère sur l'arbre X des ordres maximaux avec inversion, mais que $PSL(2,K)$ opère sans inversion.

3 ORDRES MAXIMALEMENT PLONGES

Soient H/K une algèbre de quaternions, et L/K une algèbre quadratique séparable sur K contenue dans H . On se donne un ordre B de L sur l'anneau R des entiers de K . Soit $\mathcal{O}$ un ordre d'Eichler de H . On rappelle que l'on dit que B est <u>maximalement plongé</u> dans $\mathcal{O}$ si $\mathcal{O} \cap L = B$. Un <u>plongement maximal de</u> B <u>dans</u> $\mathcal{O}$ est un isomorphisme f de L dans H tel que $\mathcal{O} \cap f(L) = f(B)$. Nous allons chercher à déterminer tous les plongements maximaux de B dans $\mathcal{O}$. Il est clair que l'on peut remplacer $\mathcal{O}$ par un ordre qui lui est conjugué : si H est un corps, l'ordre maximal est le seul ordre d'Eichler, si $H = M(2,K)$ on supposera que $\mathcal{O} = \mathcal{O}_n$, pour $n \geq 0$. Si $\tilde{h}$ est un automorphisme intérieur défini par un élément h du normalisateur $N(\mathcal{O})$ de $\mathcal{O}$ dans $H^{\cdot}$, il est clair que $\tilde{h}f$ est aussi un plongement maximal de B dans $\mathcal{O}$. Nous allons montrer que le nombre des plongements maximaux de B dans $\mathfrak{O}$, modulo les automorphismes intérieurs définis par un groupe G, $\mathfrak{O}^{\bullet} \subset G \subset N(\mathfrak{O})$, est fini. On peut le calculer explicitement. Le résultat des calculs est plutôt compliqué si $\mathfrak{O}$ a un niveau $R\pi^n$, avec $n \geqslant 2$. Il ne sera pas utilisé, aussi nous n'avons donné le résultat complet que si $n \leqslant 1$. Toutefois les démonstrations sont faites dans le cas général. On peut en exercice les conduire à terme, ou se reférer à Hijikata [1].

DEFINITION. Soit L/K une extension quadratique séparable. Soit π une uniformisante de K. On définit le <u>symbole d'Artin</u> $(\frac{L}{\pi})$ par :

$$(\frac{L}{\pi}) = \begin{cases} -1 & \text{si } L/K \text{ est non ramifiée,} \\ 0 & \text{si } L/K \text{ est ramifiée.} \end{cases}$$

DEFINITION. Soit B un ordre d'une extension quadratique L/K séparable. On définit le <u>symbole d'Eichler</u> $(\frac{B}{\pi})$ égal au symbole d'Artin $(\frac{L}{\pi})$ si B est un ordre maximal, et égal à 1 sinon.

Nous allons maintenant supposer que H est un corps de quaternions. On a le

THEOREME 3.1. *Soient L/K une extension quadratique séparable de K et B un ordre de L. Soit $\mathfrak{O}$ l'ordre maximal de H. Si B est un ordre maximal, le nombre de plongements maximaux de B dans $\mathfrak{O}$ modulo les automorphismes intérieurs définis par un groupe G est égal à :*

$$1 \quad \text{si } G = N(\mathfrak{O})$$

$$1 - (\frac{L}{\pi}) \quad \text{si } G = \mathfrak{O}^{\bullet}$$

Si B n'est pas maximal, il ne se plonge pas maximalement dans $\mathfrak{O}$.

PREUVE : Soit $f : L \to H$ un plongement de L dans H. Le lemme 1.4, p. 34 implique que f est un plongement maximal de l'anneau des entiers R_L de L dans l'ordre maximal $\mathfrak{O}$ de H. Donc si B n'est pas maximal, il ne se plonge pas maximalement dans $\mathfrak{O}$. D'après I, p. 27, le nombre de plongements $m(L,G)$ maximaux de R_L dans $\mathfrak{O}$ modulo G est égal au nombre de classes de conjugaison dans H d'un élément $m \in L$, $m \notin K$, modulo $\tilde{G}$. Comme $N(\mathfrak{O}) = H^{\bullet}$, on a $m(L,N(\mathfrak{O})) = 1$. Comme $\tilde{\mathfrak{O}}^{\bullet} \cup \tilde{\mathfrak{O}}^{\bullet}\tilde{u} = \tilde{H}^{\bullet}$ si $u \in H$ est un élément de norme réduite π, on a $m(L,\mathfrak{O}^{\bullet}) = 1$ si l'on peut choisir $u \in L$, i.e. si L/K est ramifiée, et $m(L,\mathfrak{O}^{\bullet}) = 2$ sinon, i.e. si L/K est non ramifiée.

Nous supposons maintenant que $H = M(2,K)$. Le résultat analogue est alors :

THEOREME 3.2. *Soient* L/K *une extension quadratique séparable et* B *un ordre de* L . *Soit* $\mathcal{O}$ *un ordre maximal de* $M(2,K)$. *On peut plonger maximalement* B *dans* $\mathcal{O}$ *et le nombre de plongements maximaux de* B *dans* $\mathcal{O}$ *modulo les automorphismes intérieurs définis par* $\mathcal{O}^\bullet$ *est égal à* 1 . *Soit* $\mathcal{O}'$ *un ordre d'Eichler de niveau* $R\pi$ *de* $M(2,K)$. *Le nombre de plongements maximaux de* B *dans* $\mathcal{O}'$ *modulo les automorphismes intérieurs associés à* G *est égal à* :

$$\begin{cases} 0 \ \underline{\text{ou}}\ 1 & \underline{\text{si}} \quad G = N(\mathcal{O}') \\ 1 + (\frac{B}{\pi}) & \underline{\text{si}} \quad G = \mathcal{O}'^\bullet \end{cases} .$$

Ce théorème montre que B ne se plonge pas dans $\mathcal{O}'$ si et seulement si B est maximal et L/K non ramifiée. La preuve de ce théorème sera donnée en suivant Hijikata [1]. Nous allons étudier en général les plongements maximaux de B dans un ordre d'Eichler $\mathcal{O}_{\underline{n}}$.

DEFINITION. Si B est un ordre de L , il existe $s \in \mathbb{N}$ tel que $B = R+Rb\,\pi^s$, où $R+Rb$ est l'ordre maximal de L . L'entier s caractérise B , et nous poserons $B = B_s$. L'idéal $R\pi^s$ s'appelle le *conducteur* de B . Si $u \leqslant s$, on a $B_s \subseteq B_u$, et l'idéal $R\pi^{s-u}$ s'appelle le *conducteur relatif* de B_s dans B_u .

Soit f un plongement de L dans $M(2,K)$ et soient $g \in B$, $g \notin R$. On note $p(X) = X^2 - tX + m$ le polynôme minimal de g sur K , $R\pi^r$ le conducteur relatif de $R[g]$ dans B , et $f(g) = \begin{pmatrix} a & b \\ c & d \end{pmatrix}$.

LEMME 3.3 (Hijikata [1]). *Soit* $\mathcal{O}_{\underline{n}}$, $n \geqslant 0$, *un ordre d'Eichler de* $M(2,K)$. *Les propriétés suivantes sont équivalentes* :

(1) f *est un plongement maximal de* B *dans* $\mathcal{O}_{\underline{n}}$.

(2) r *est le plus grand entier* i *tel que* $(R+f(g)) \cap \pi^i\mathcal{O}_{\underline{n}}$ *soit non vide*.

(3) *Les éléments* $\pi^{-r}b$, $\pi^{-r}(a-d)$, $\pi^{-r-n}c$ *sont des entiers premiers entre eux*.

(4) *La congruence* $p(x) \equiv 0 \bmod R\pi^{n+2r}$ *admet une solution* x *dans* R *vérifiant* : $t \equiv 2x \bmod R\pi^r$ *et il existe* $u \in N(\mathcal{O}_{\underline{n}})$ *tel que* $uf(g)u^{-1} = \begin{pmatrix} x & \pi^r \\ -p(x) & t-x \end{pmatrix}$.

PREUVE : On notera $f_x(g)$ la matrice $uf(g)u^{-1}$ définie ci-dessus. L'équivalence des propriétés (1), (2), (3) est facile et laissée en exercice. Comme (4) implique (3) de façon évidente, nous allons démontrer (3) $\rightarrow$ (4). Si $\pi^{-r}b$ est une unité, posons $u = \begin{pmatrix} 1 & 0 \\ 0 & \pi^{-r}b \end{pmatrix}$. Alors

$uf(g)u^{-1} = f_x(g)$, où x est une solution dans R de la congruence $p(x) = 0 \bmod R\pi^{n+2r}$. Il s'agit donc de se ramener au cas où $\pi^{-r}b$ est une unité. Si $\pi^{-r-n}c$ est une unité, on conjugue $f(g)$ par $\begin{pmatrix} 0 & 1 \\ \pi^n & 0 \end{pmatrix}$. Sinon, on conjugue $f(g)$ par $\begin{pmatrix} 1 & 1 \\ 0 & 1 \end{pmatrix}$ ce qui remplace b par $-(a+c)+b+d$ qui est le produit d'une unité par π^r .

Nous avons donc un critère d'existence des plongements maximaux de B dans $\mathfrak{O}_n$. Nous allons maintenant compter ces plongements. Nous notons $E = \{x \in R,\ t \equiv 2x \bmod R\pi,\ p(x) = 0 \bmod R\pi^{n+2r}\}$. Cet ensemble est introduit par (4) du lemme précédent.

LEMME 3.4 (Hijikata [1]). <u>Soient</u> f , f' <u>deux plongements maximaux de</u> B <u>dans</u> $\mathfrak{O}_n$. <u>Soit</u> ${}^n f = \tilde{h}_n f$, <u>où</u> $\tilde{h}_n$ <u>est l'automorphisme intérieur induit par</u> $\begin{pmatrix} 0 & 1 \\ \pi^n & 0 \end{pmatrix}$.

(1) f <u>est équivalent à</u> f' <u>modulo</u> $N(\mathfrak{O}_n)$ <u>si et seulement si</u> f <u>est équivalent à</u> f' <u>ou</u> ${}^n f'$ <u>modulo</u> $\mathfrak{O}_n^{\cdot}$. <u>Si</u> $n = 0$, <u>l'équivalence modulo</u> $N(\mathfrak{O}_o)$ <u>coïncide avec l'équivalence modulo</u> $\mathfrak{O}_o^{\cdot}$.

(2) <u>Soient</u> $x, x' \in E$ <u>et</u> f_x , $f_{x'}$ <u>définis comme dans le lemme précédent.</u> <u>Alors</u> f_x <u>est équivalent à</u> $f_{x'}$ <u>modulo</u> $\mathfrak{O}_n^{\cdot}$ <u>si et seulement si</u> $x \equiv x' \bmod \pi^{r+n}$.

(3) <u>Si</u> $\pi^{-2r}(t^2-4n)$ <u>est une unité dans</u> R (resp. <u>n'est pas une unité dans</u> R <u>alors</u> f_x <u>est équivalent à</u> ${}^n f_{x'}$ <u>si et seulement si</u> $x = t-x' \bmod \pi^{r+n}$ (resp. $x \equiv t-x' \bmod \pi^{r+n}$ <u>et</u> $p(x') \not\equiv 0 \bmod \pi^{n+2r+1}$) .

PREUVE : (1) est évident. (2) : si $x \equiv x' \bmod \pi^{r+n}$, posons $a = \pi^{-r}(x-x')$ et $u = \begin{pmatrix} 1 & 0 \\ a & 1 \end{pmatrix}$. Alors $u \in \mathfrak{O}_n^{\cdot}$ et $uf_x(g)u^{-1} = \begin{pmatrix} x' & \pi^r \\ * & * \end{pmatrix} = f_{x'}(g)$. Inversement supposons que f_x est équivalent à $f_{x'}$ modulo $\mathfrak{O}_n^{\cdot}$. Comme tout élément de $\mathfrak{O}_n^{\cdot}$ est triangulaire supérieur modulo π^n , si $u \in \mathfrak{O}_n^{\cdot}$, $\pi^{-r}(uf_x(g)u^{-1} - x)$ a la même diagonale modulo π^n que $\pi^{-r}(f_x(g) - x)$, donc $x \equiv x' \bmod \pi^{n+r}$. (3) Si $\pi^{-n-2r}f(x')$ est une unité, ${}^n f_{x'}(g)$ vérifie la condition (3) du lemme précédent, donc est équivalent à $\begin{pmatrix} t-x' & \pi^r \\ -\pi^{-r}f(x') & x' \end{pmatrix}$. Aussi, d'après (2) f_x est équivalent à ${}^n f_{x'}$ modulo $\mathfrak{O}_n^{\cdot}$ si et seulement si $x = t-x' \bmod \pi^{r+n}$. Si $\pi^{-n-2r}f(x')$ n'est pas une unité, pour $b \in R$, posons $u = \begin{pmatrix} 1 & b \\ 0 & 1 \end{pmatrix}$, et $u\,{}^n f_x(g)u^{-1} = (x_{ij})$. Modulo π^{n+r} , $x_{11} = t-x'$, $x_{12} = b(2x'-t) - \pi^{-n+r}f(x')$. Donc si $\pi^{-r}(2x'-t)$ est une unité, ou de façon équivalente si $\pi^{-2r}(t^2-4n)$ est une unité, on peut choisir b de sorte que $\pi^{-r}x_{12}$ soit une unité, et de nouveau (x_{ij}) est équivalent à $\begin{pmatrix} t-x' & \pi^r \\ -\pi^{-r}f(x') & x' \end{pmatrix}$ modulo $\mathcal{O}_{\underline{n}}^{\cdot}$. Enfin, supposons que $\pi^{-n-2r}f(x')$ et $\pi^{-2r}(t^2-4n)$ ne sont pas des unités, alors si l'on remarque que $\mathcal{O}_{\underline{n}}^{\cdot}$ est engendré modulo π^n par des matrices diagonales et des matrices de la forme $\begin{pmatrix} 1 & b \\ 0 & 1 \end{pmatrix}$, on voit que pour tout $u \in \mathcal{O}_n^{\cdot}$, si $u^n f_{x'}(g)u^{-1} = (x_{ij})$, $x_{12}\pi^{-r}$ n'est jamais une unité donc ${}^n f_{x'}$ ne peut pas être équivalent à f_x modulo $\mathcal{O}_{\underline{n}}^{\cdot}$.

Nous déduisons des deux lemmes la proposition suivante qui permet de compter le nombre de plongements maximaux de B_s dans $\mathcal{O}_{\underline{n}}$ modulo le groupe des automorphismes intérieurs induit par $G = N(\mathcal{O}_{\underline{n}})$ ou $\mathcal{O}_{\underline{n}}^{\cdot}$. Le théorème 3.2 en est une conséquence.

PROPOSITION 3.5 (1) B <u>se plonge maximalement dans</u> $\mathcal{O}_{\underline{n}}$ <u>si et seulement si</u> E <u>n'est pas vide</u>.

(2) <u>Le nombre de plongements maximaux de</u> B <u>dans</u> $\mathcal{O}_{\underline{n}}$ <u>modulo les automorphismes intérieurs induits par</u> $\mathcal{O}_{\underline{n}}^{\cdot}$ <u>est égal au cardinal de l'image de</u> E <u>dans</u> $R/\pi^{n+2r}R$ <u>si</u> $\mathcal{O}_{\underline{n}} = \mathcal{O}_{\underline{o}}$ <u>est maximal, ou si</u> $\pi^{-r}(t^2-4m)$ <u>est une unité. Sinon, ce nombre est la somme du cardinal précédent et du cardinal de l'image de</u> $F = \{x \in E,\ p(x) \equiv 0 \bmod R\pi^{n+2r+1}\}$ <u>dans</u> $R/\pi^{n+2r}R$.

PREUVE du théorème 3.2. On suppose que $\mathcal{O} = \mathcal{O}_{\underline{o}}$ est un ordre maximal. Comme $N(\mathcal{O}) = K^{\cdot}\mathcal{O}^{\cdot}$ le nombre de plongements maximaux modulo les automorphismes intérieurs induits par un groupe G, $\mathcal{O}^{\cdot} \subset G \subset N(\mathcal{O})$ ne dépend pas de G. Ce nombre n'est pas nul car E n'est pas vide. On déduit de (2) que ce nombre est égal à 1. On suppose que $\mathcal{O} = \mathcal{O}_{\underline{1}}$. On rappelle que $B = R+Rb\pi^s$, où $R+Rb$ est l'ordre maximal de L. Si B n'est pas maximal, $s \geqslant 1$, alors $x=0$ est solution de la congruence $p(x) = x^2 - t(b)\pi^s x + \pi^{2s}n(b) = 0 \bmod R\pi^2$. Comme le discriminant de ce polynôme n'est pas une unité, l'application de la proposition (avec $r = 0$) montre qu'il existe deux plongements maximaux de B dans $\mathcal{O}$ modulo les automorphismes intérieurs induits par $\mathcal{O}^{\cdot}$. Si B est un ordre maximal, et si L/K est non ramifiée, $E = \emptyset$ car les corps résiduels de L et de K sont distincts. Si L/K est ramifiée, $n(b) \in R^{\cdot}\pi$, et le discriminant de $p(x)$ appartient à $R\pi$. Modulo πR, l'ensemble E est réduit à un seul élément 0, et $F = \emptyset$.

Le théorème est démontré si $G = \mathcal{O}^{\cdot}$. Pour l'obtenir quand $G = N(\mathcal{O})$, on utilise que $N(\mathcal{O})$ est le groupe engendré par $\mathcal{O}^{\cdot}$ et $\begin{pmatrix} 0 & 1 \\ \pi & 0 \end{pmatrix}$. Les matrices $\begin{pmatrix} 0 & 1 \\ -n & t \end{pmatrix}$ et $\begin{pmatrix} t & -\pi^{-1}n \\ \pi & 0 \end{pmatrix}$ sont conjuguées modulo $N(\mathcal{O})$. Ceci implique

que le nombre de plongements maximaux de B dans $\mathcal{O}$ modulo les automorphismes intérieurs de $N(\mathcal{O})$ est égal à 0 ou 1 .

On remarquera que si le niveau de l'ordre d'Eichler $\mathcal{O}_{\underline{n}}$ est assez petit, c'est-à-dire si l'entier n est assez grand, $\mathcal{O}_{\underline{n}}$ ne contient pas de racine du polynôme $p(x)$.

On trouvera des calculs analogues à ceux faits ici dans les articles sur les formules explicites de traces : Eichler [13] à [20], Hashimoto [1], Oesterlé [1], Pizer [1] à [5], Prestel [1], Schneider [1], Shimizu [1] à [3], Vignéras [1], Yamada [1].

EXERCICE

3.1 Utiliser la démonstration de la proposition précédente pour démontrer que si B est un <u>ordre maximal</u> d'une extension quadratique séparable L/K , alors B ne se plonge pas maximalement dans un ordre d'Eichler de $M(2,K)$ de niveau $R\pi^m$, si $m \geqslant 2$.

4 FONCTIONS ZETA

Ce § est préliminaire au chapitre III : il ne comporte pas de théorème, mais les définitions et les calculs préparatoires qui faciliteront ensuite l'exposition et la démonstration des résultats des prochains chapitres, démontrés par des techniques adéliques. On y trouve la définition des fonctions zêta locales au sens de Weil [1], la normalisation des mesures, certains calculs de volumes ou d'intégrales dont on aura besoin plus tard.

DEFINITION. Soit X un corps local K ou une algèbre de quaternions H/K ne contenant pas $\mathbb{R}$. Soit $\mathfrak{B}$ un ordre de X contenant l'anneau de valuation R de K . La <u>norme d'un idéal</u> entier I de $\mathfrak{B}$ est égale à $N_X(I) = \mathrm{Card}(\mathfrak{B}/I)$.

On vérifie facilement la relation $N_H = {N_K n}^2$. Par multiplicativité, on définit la norme des idéaux fractionnaires. On a avec cette définition :

$$N_K(R\pi) = \mathrm{Card}(R/R\pi) = \mathrm{Card}(k) = q$$

$$N_H(P) = \begin{cases} \mathrm{Card}(\mathcal{O}/\mathcal{O}u) = q^2 & , \text{ si } H \text{ est un corps,} \\ \mathrm{Card}(\mathcal{O}/\mathcal{O}\pi) = q^4 & , \text{ si } H \simeq M(2,K) \end{cases}$$

où P est l'idéal bilatère entier maximal d'un ordre maximal $\mathcal{O}$ de H . La norme d'un idéal principal $\mathcal{O}h$ est naturellement égale à la norme de l'idéal $h\mathcal{O}$. D'après le Corollaire 1.7 et le théorème 2.3, on a le

LEMME 4.1. <u>Le nombre des idéaux entiers à gauche</u> (<u>à droite</u>) <u>d'un ordre maximal de</u> H <u>de norme</u> q^n , $n \geqslant 0$, <u>est égal à</u>

$$\begin{cases} 1 & \text{si } n \text{ est pair} \\ 0 & \text{si } n \text{ est impair} \end{cases} \quad , \text{ si } H \text{ est un corps}$$

$$1+q+\ldots+q^n \qquad , \text{ si } H \simeq M(2,K)$$

DEFINITION. La <u>fonction zêta</u> de $X = H$ ou K est la fonction complexe de variable complexe

$$\zeta_X(s) = \sum_{I \subset \mathcal{B}} N(I)^{-s}$$

où la somme porte sur les idéaux entiers I à gauche (à droite) d'un ordre maximal $\mathcal{B}$ de X .

Le lemme 4.1 permet de calculer explicitement $\zeta_H(s)$ en fonction de $\zeta_K(s)$. Nous avons

$$\zeta_K(s) = \sum_{n \geqslant 0} q^{-ns} = (1-q^{-s})^{-1}$$

$$\zeta_H(s) = \sum_{n \geqslant 0} q^{-2ns} = \zeta_K(2s) \quad , \text{ si } H \text{ est un corps}$$

$$\zeta_H(s) = \sum_{n \geqslant 0} \sum_{0 \leqslant d \leqslant n} q^{d-2ns} = \sum_{d \geqslant 0} \sum_{d' \geqslant 0} q^{d-2(d+d')s} = \zeta_K(2s)\zeta_K(2s-1) \quad ,$$

$$\text{si } H \simeq M(2,K) .$$

On a donc la

PROPOSITION 4.2. <u>La fonction zêta de</u> $X = K$ <u>ou</u> H <u>est égale à</u> :

$$\zeta_K(s) = (1-q^{-s})^{-1}$$

$$\zeta_H(s) = \begin{cases} \zeta_K(2s) & , \text{ si } H \text{ est un corps,} \\ \zeta_K(2s)\zeta_K(2s-1) & , \text{ si } H = M(2,K) \end{cases}$$

Il existe une définition plus générale des fonctions zêta valable pour $X \supset \mathbb{R}$. L'idée de ces fonctions zêta vient de Tate [1], pour les corps locaux. Leur généralisation aux algèbres centrales simples est due à Godement [1] et à Jacquet-Godement [1]. Le point de départ est de remarquer que les fonctions zêta classiques peuvent aussi se définir comme l'intégrale sur le groupe localement compact $X^{\cdot}$ de la fonction caractéristique d'un ordre maximal, multipliée par $\chi(x) = N(x)^{-s}$, pour une certaine mesure de Haar. Cette définition se généralise alors à celle de fonction zêta d'une fonction de Schwartz-Bruhat, et d'un quasi-caractère, et s'étend naturellement au cas archimédien. C'est ce que nous allons faire. Nous suivrons le livre de Weil [1], auquel on peut se réferrer pour plus de détails.

DEFINITION. Soient G un groupe localement compact et dg une mesure de Haar sur G. Pour tout isomorphisme a de G, soit $d(ag)$ la mesure de Haar sur G définie par $\int_G f(g)dg = \int_G f(ag)d(ag)$, pour toute fonction mesurable f sur G. Le facteur de proportionalité de ces deux mesures $\|a\| = d(ag)/dg$ s'appelle le <u>module de l'isomorphisme</u> a.

On vérifie sans peine :

(1) $\mathrm{vol}(aZ) = \|a\|\mathrm{vol}(Z)$, pour tout ensemble mesurable $Z \subset G$,

(2) $\|a\|.\|b\| = \|ab\|$, si a, b sont deux isomorphismes de G,

ce qui démontre que le module ne dépend pas de la mesure ayant servi à sa définition.

DEFINITION. Le <u>module</u> d'un élément $x \in X^{\cdot}$, noté $\|x\|_X$ est le module commun des deux isomorphismes de multiplication à gauche, ou à droite dans $X = H$ ou K. La <u>norme</u> $N_X(x)$ de x est l'inverse du module.

Notons dans $\mathbb{R}$ ou $\mathbb{C}$ par $|x|$ le module au sens usuel d'un élément x. On vérifie immédiatement les propriétés : si $x \in X^{\cdot}$,

$$\|x\|_{\mathbb{R}} = |x|\ ,\ \|x\|_{\mathbb{C}} = |x|^2\ ,\ \|x\|_X = N_X(x)^{-1} = N_X(\beta x)^{-1} \quad \text{si} \quad X \neq \mathbb{R}\ .$$

Nous allons maintenant normaliser des mesures sur X, $X^{\cdot}$.

DEFINITION. Si $X \neq \mathbb{R}$, on note dx ou dx_X la <u>mesure de Haar additive</u> telle que le volume d'un ordre maximal β soit égal à 1. On note $dx^{\cdot}$ ou $dx^{\cdot}_X$ la <u>mesure de Haar multiplicative</u> $(1-q^{-1})^{-1}\|x\|_X^{-1}dx_X$.

LEMME 4.3. <u>Pour la mesure multiplicative</u> $dx^{\cdot}$, <u>le volume du groupe des unités</u> $\beta^{\cdot}$ <u>d'un ordre maximal</u> β <u>de</u> X <u>est donné par</u> :

$\mathrm{vol}(R^{\cdot}) = 1$,

$\mathrm{vol}(\mathcal{O}^{\cdot}) = (1-q^{-1})^{-1}(1-q^{-2})$, <u>où</u> $\mathcal{O}$ <u>est l'anneau des entiers d'un corps de quaternions</u> H/K,

$\mathrm{vol}(GL(2,K)) = 1-q^{-2}$.

PREUVE : Supposons que X est un corps. Soit $\mathcal{M}$ l'idéal maximal de β. Pour la mesure additive dx, on a l'égalité

$$\mathrm{vol}(\beta^{\cdot}) = \mathrm{vol}(\beta) - \mathrm{vol}(\mathcal{M}) = 1 - \|x\| = 1 - N(x)^{-1} = 1 - \mathrm{Card}(\beta/\mathcal{M})$$
$$= \begin{cases} 1 - q^{-1} & \text{si} \quad X = K \\ 1 - q^{-2} & \text{si} \quad X = H\ . \end{cases}$$

Le volume de $\beta^{\cdot}$ pour la mesure multiplicative $dx^{\cdot}$ est égal au volume de $\beta^{\cdot}$ pour la mesure additive $(1-q^{-1})^{-1}dx$. On en déduit le lemme, si

X est un corps. On suppose maintenant que $X = M(2,K)$.

L'application canonique : $R \to k$ induit une surjection de $GL(2,R)$ sur $GL(2,k)$, dont le noyau Z est formé des matrices congrues à l'identité modulo l'idéal $R\pi$. Le nombre d'éléments de $GL(2,k)$ est égal au nombre de bases d'un k-espace vectoriel de dimension 2 , soit $(q^2-1)(q^2-q)$. Le volume de Z pour la mesure dx est $\mathrm{vol}(R\pi)^4 = q^{-4}$. Le volume de $GL(2,R)$ pour $dx^\cdot$ est donc égal au produit $q^{-4}(q^2-1)(q^2-q)(1-q^{-1})^{-1} = 1-q^{-2}$.

LEMME 4.4. <u>On a</u> :

$$Z_X(s) = \int_{\mathcal{B}} Nx^{-s}\, dx^\cdot = \begin{cases} \zeta_K(s) & , \text{ si } X = K , \\ \dfrac{\zeta_H(s)}{\zeta_K(2)} \cdot \begin{cases} (1-q^{-1})^{-1} & , \text{ si } X = H \text{ est un corps}, \\ 1 & , \text{ si } X = M(2,K) . \end{cases} \end{cases}$$

PREUVE : Le nombre d'éléments de $\mathcal{B}$ modulo $\mathcal{B}^\cdot$, de norme q^n , $n \geqslant 0$ est le nombre d'idéaux entiers de $\mathcal{B}$ de norme q^n . L'intégrale est donc égale à

$$\zeta_X(s)\ \mathrm{vol}(\mathcal{B}^\cdot) .$$

La fonction $\zeta_X(s)$ est donnée par la proposition 4.2.

DEFINITION. Soit dx la mesure de Lebesgue sur $\mathbb{R}$. Soient $X \supset \mathbb{R}$, et (e_i) une $\mathbb{R}$-base de X . Pour $x = \Sigma\, x_i e_i \in X$, on note $T_X(x)$ la trace commune des $\mathbb{R}$-endomorphismes de X donnés par les multiplications par x à gauche et à droite. On note dx_X la <u>mesure de Haar additive</u> sur X telle que

$$dx_X = |\mathrm{dét}(T_X(e_i e_j))|^{1/2}\, \Pi\, dx_i .$$

On note $dx_X^\cdot$ la <u>mesure de Haar multiplicative</u> $\|x\|_X^{-1} dx_X$.

On vérifiera que la définition ci-dessus est donnée explicitement par :

(1) $dx_{\mathbb{C}} = 2\, dx_1\, dx_2$, si $x = x_1 + ix_2$, $x_i \in \mathbb{R}$,

(2) $dx_{\mathbb{H}} = 4\, dx_1 \ldots dx_4$, si $x = x_1 + ix_2 + jx_3 + ijx_4$, $x_i \in \mathbb{R}$

(3) $dx_{M(2,K)} = \Pi\,(dx_i)_K$, si $x = \begin{pmatrix} x_1 & x_2 \\ x_3 & x_4 \end{pmatrix} \in M(2,K)$, $K = \mathbb{R}$ ou $\mathbb{C}$.

On note ${}^t x$ la transposée de x dans une algèbre de matrices. De façon explicite le nombre réel $T_X({}^t x\, \bar{x})$ est égal à

(0)' x^2 , si $X=\mathbb{R}$,

(1)' $2x\bar{x}$, si $X=\mathbb{C}$,

(2)' $2n(x)$, si $X=\mathbb{H}$,

(3)' Σx_i^2 , si $X=M(2,\mathbb{R})$,

(3)" $2\Sigma x_i\bar{x}_i$, xi $X=M(2,\mathbb{C})$.

On posera :

$$Z_X(s) = \int_{X^\cdot} \exp(-\pi\ T_X({}^t x\bar{x}))\ Nx^{-s}\ dx$$

LEMME 4.5. On a

$$Z_{\mathbb{R}}(s) = *\pi^{-s/2}\ \Gamma(s/2)$$

$$Z_{\mathbb{C}}(s) = *(2\pi)^{-s}\ \Gamma(s)$$

$$Z_H(s/2) = *Z_K(s)\ Z_K(s-1).\begin{cases} (s-1) & , \underline{\text{si}}\ H\ \underline{\text{est un corps}}, \\ 1 & , \text{si}\ H=M(2,K) \end{cases}$$

où $*$ est une constante indépendante de s .

La preuve est laissée en exercice. Si $X=M(2,K)$ on utilisera la décomposition d'Iwasawa de $GL(2,K)$. Tout élément $x\in GL(2,K)$ s'écrit de façon unique

$$x = \begin{pmatrix} y & t \\ 0 & z \end{pmatrix} u \quad , \quad y,z\in\mathbb{R}^+ \quad , \quad t\in K \quad , \quad u\in U$$

où U est le groupe formé des matrices y vérifiant ${}^t\bar{y}y=1$. Si $n=[K:\mathbb{R}]$, la fonction à intégrer est $(yz)^{.2ns}\exp(-n\pi(y^2+z^2+t\bar{t}))$.

DEFINITION. L'espace de Schwartz-Bruhat S de X est

$$S = \begin{cases} \text{les fonctions indéfiniment différentiables, à décroissance rapide} \\ \text{si } X\supset\mathbb{R} \\ \\ \text{les fonctions à support compact, localement constantes, si } X\not\supset\mathbb{R}. \end{cases}$$

Un quasi-caractère d'un groupe localement compact G est un homomorphisme continu de G dans $\mathbb{C}$. Si ses valeurs sont de module 1 , on dit que c'est un caractère.

Par exemple, les quasi-caractères d'un groupe compact sont toujours des caractères.
Un exemple de quasi-caractère sur X est : $x\to Nx^s$. C'est un caractère si et seulement si s est imaginaire pur. Les quasi-caractères de $H^\cdot$ sont triviaux sur le groupe de ses commutateurs. D'après (I.3.5, p. 14, le groupe des commutateurs de $H^\cdot$ est égal au groupe H^1 des quaternions

de norme réduite 1 . Tous les quasi-caractères de $H^\cdot$ sont de la forme

$$\chi_H = \chi_K \circ n$$

où χ_K est un quasi-caractère de K .

DEFINITION. La <u>fonction zêta d'une fonction</u> f <u>de l'espace de Schwartz-Bruhat et d'un quasi-caractère</u> χ est l'intégrale :

$$Z_X(f,\chi) = \int_{X^\cdot} f(x)\,\chi(x)\,dx^\cdot .$$

La <u>fonction canonique</u> Φ de X est :

$$\Phi = \begin{cases} \text{la fonction caractéristique d'un ordre maximal, si } X \not\supset \mathbb{R} \\ \exp(-\pi\; T_X({}^t\bar{x}x))\ ,\ \text{si } X \supset \mathbb{R} . \end{cases}$$

Alors les fonctions $Z_X(s)$ des lemmes 4.4 et 4.5, sont égales à $Z_X(\Phi, Nx^{-s})$.

Nous allons clore ce § par la définition des <u>mesures de Tamagawa</u>, notion plus ou moins équivalente à celle de <u>discriminant</u>. On choisit sur X un caractère ψ_X appelé un <u>caractère canonique</u>, défini par les conditions

- $\psi_{\mathbb{R}}(x) = \exp(-2i\pi x)$
- $\psi_{K'}(x)$ est trivial sur l'anneau des entiers $R_{K'} = R'$ et $R_{K'}$ est autodual par rapport à $\psi_{K'}$, si K' est un corps premier non archimédien.
- $\psi_K(x) = \psi_{K'} \circ T_X(x)$, si K' est le sous-corps premier de K .

On verra dans l'exercice 4.1 la construction explicite de $\psi_{K'}$.

L'isomorphisme $x \to (y \to \psi_X(xy))$ entre X et son dual topologique permet d'écrire la transformation de Fourier sur X ainsi :

$$f^*(x) = \int_X f(y)\,\psi_X(xy)\,dy$$

où $dy = d_X y$ est la mesure additive sur X normalisée précédemment. La <u>mesure duale</u> est la mesure d^*y telle que la formule d'inversion suivante soit vérifiée

$$f(x) = \int_X f^*(y)\,\psi_X(-yx)\,d^*y .$$

DEFINITION. La <u>mesure de Tamagawa sur</u> X est la mesure de Haar additive sur X , autoduale pour la transformation de Fourier associée au caractère canonique ψ_X .

LEMME 4.6. <u>La mesure de Tamagawa de</u> X <u>est la mesure</u> dx <u>si</u> $K' = \mathbb{R}$. <u>Si</u> $K' \neq \mathbb{R}$, <u>la mesure de Tamagawa est la mesure</u> $D_X^{-1/2}dx$, <u>où</u> D_X <u>est le discriminant de</u> X <u>c'est-à-dire</u> :

$$D_X = \|\text{dét}(T_X(e_i e_j))\|_{K'}^{-1}$$

<u>où</u> (e_i) <u>est une</u> R'-<u>base d'un ordre maximal de</u> X .

PREUVE : Si $K' = \mathbb{R}$, la définition globale de dx nous montre qu'elle est autoduale (i.e. égale à sa mesure duale) pour ψ_X . Supposons donc $K' \neq \mathbb{R}$ et choisissons un R'-ordre maximal que nous notons B . Nous notons Φ sa fonction caractéristique. La transformée de Fourier de Φ est la fonction caractéristique du dual B^* de B par rapport à la trace. De la même façon, le bidual de B étant égal à B , on voit que $\Phi^{**} = \text{vol}(B^*)\Phi$. La mesure autoduale de X est donc $\text{vol}(B^*)^{-1/2}dx$. Si (e_i) est une R'-base de B , notons (e_i^*) sa base duale définie par $T_X(e_i, e_j^*) = 0$, si $i \neq j$ et $T_X(e_i e_i^*) = 1$. La base duale est une R'-base de B^* . Si $e_j^* = \Sigma\, a_{ji}\, e_i$, soit A la matrice (a_{ij}). On a $\text{vol}(B^*) = \|\text{dét}(A)\|_{K'}$ $\text{vol}(B) = \text{dét}(A)$ pour la mesure dx . D'autre part, il est clair que $\text{dét}(T_X(e_i e_j)) = \text{dét}(A)^{-1}$. On a donc $\text{vol}(B) = \|\text{dét}(T_X(e_i e_j))\|_{K'}^{-1}$. Nous avons par la même occasion démontré que la mesure duale de la mesure dx est $D_X^{-1}dx$.

LEMME 4.7. <u>Les discriminants de</u> H <u>et de</u> K <u>sont reliés par la relation</u>

$$D_H = D_K^4\, N_K(d(\mathcal{O}))^2$$

<u>où</u> $d(\mathcal{O})$ <u>est le discriminant réduit d'un</u> R'-<u>ordre maximal</u> $\mathcal{O}$ <u>dans</u> H .

PREUVE : Avec les notations du §1, on a $\mathcal{O} = \{h \in H,\ t(h\mathcal{O}) \subset R^*\}$, d'où on déduit facilement que

$$\mathcal{O}^* = \begin{cases} R^* & \text{si } H = M(2,K) \\ R^* u^{-1} & \text{si } H \text{ est un corps.} \end{cases}$$

On a $D_H = \text{vol}(\mathcal{O}^*) = N_H(\mathcal{O}^{*-1}) = N_K\, n^2(R^{*-1})N_K(d(\mathcal{O}))^2 = D_K^4\, N_K(d(\mathcal{O}))^2$.

REMARQUES 4.8. Si $K' \neq \mathbb{R}$, le <u>groupe des modules</u> $\|X^{\bullet}\|$ est un groupe discret. On le munit de la mesure qui assigne à chaque élément sa propre valeur.

Dans tous les autres cas, les groupes <u>discrets</u> qui seront considérés dans les chapitres suivants seront munis de la mesure discrète qui assigne à chaque élément la valeur 1.

<u>Mesures compatibles</u>. Soient Y , Z , T des groupes topologiques munis de mesures de Haar dy , dz , dt et soit une suite exacte d'applications continues :

$$1 \longrightarrow Y \xrightarrow{i} Z \xrightarrow{j} T \longrightarrow 1 .$$

On dit que les mesures dy , dz , dt sont compatibles avec cette suite, ou encore que $dz = dy\, dt$, ou $dy = dz/dt$ ou $dt = dz/dy$ si pour toute fonction f telle que les intégrales ci-dessous aient un sens, on ait l'égalité :

$$\int_Z f(z)dz = \int_T dt \int_Y f(i(y)z)dy \quad , \quad \text{avec} \quad t = j(z) \ .$$

Ceci nous permet connaissant deux des mesures, et la suite exacte, de définir une troisième mesure par compatibilité. Une telle construction sera très fréquemment employée. Mais il faut être prudent : la troisième mesure dépend de la suite exacte. Donnons un exemple. Soient X_1 le noyau du module, et X^1 le noyau de la norme réduite. On les munit naturellement de mesures déduites des mesures normalisées plus haut, et de la suite exacte que leur définition suggère. On note ces mesures dx_1 et dx^1 . Ces mesures sont différentes, quoique que les ensembles X_1 et X^1 puissent être égaux. On verra ceci sur les calculs explicites de volumes dans les exercices de ce chapitre. Si $K' \neq \mathbb{R}$, on remarquera que dx_1 est la restriction à X_1 de la mesure $dx^{\cdot}$, comme il est naturel.

EXERCICES.

4.1 Montrer que les caractères suivants ψ_K sont des caractères canoniques (p. 52).
Si $K = \mathbb{Q}_p$, $\psi_K(x) = \exp(2i\pi\langle x\rangle)$ où $\langle x\rangle$ est l'unique nombre $ap^{-m}, m \geqslant 0$ rationnel compris entre 0 et 1 tel que $x - \langle x\rangle \in \mathbb{Z}_p$, l'anneau des entiers de $\mathbb{Q}_p$.
Si $K = \mathbb{F}_p[[T]]$, $\psi_K(x) = \exp(2i\pi\langle x\rangle)$ où $\langle x\rangle = a_{-1}p^{-1}$ si $x = \Sigma\, a_i T^i$, $0 \leqslant a_i \leqslant p$.
Si $x \in \mathbb{Q}$, on note $\psi_p(x) = \psi_{\mathbb{Q}_p}(x)$, et $\psi_\infty(x) = \psi_{\mathbb{R}}(x)$, où $\psi_{\mathbb{R}}(x) = \exp(-2i\pi x)$ est le caractère canonique de $\mathbb{R}$. Montrer que $\psi = \psi_\infty \prod_p \psi_p$ définit sur $\mathbb{Q}$ un caractère égal au caractère trivial.

4.2 Calculs de volumes. Avec les mesures définies par compatibilité à partir des mesures canoniques (Remarque 4.8), démontrer les formules :

$$\mathrm{vol}(\mathbb{R}_1) = 2 \ , \ \mathrm{vol}(\mathbb{C}_1) = 2\pi \ , \ \mathrm{vol}(\mathbb{H}_1) = 2\pi^2 \ , \ \mathrm{vol}(\mathbb{H}^1) = 4\pi^2 \ .$$

On remarque que $2\mathrm{vol}(\mathbb{H}_1) = \mathrm{vol}(\mathbb{H}^1)$ pour les mesures choisies (Remarque 4.8) quoique les ensembles $\mathbb{H}_1$ et $\mathbb{H}^1$ soient les mêmes. On fera le calcul en évaluant l'intégrale $\int_{\mathbb{H}} e^{-n(h)}\, n(h)^2\, 4\, dh/n(h)^2$.

4.3 Volumes de groupes dans des ordres d'Eichler. Soient $\mathcal{O}_{\underline{m}} = \begin{pmatrix} R & R \\ p^m R & R \end{pmatrix}$ l'ordre d'Eichler canonique de niveau Rp^m avec $m \neq 0$, dans $M(2,K)$, avec K non archimédien et p une uniformisante de K. On pose

$$\Gamma_o(p^m) = \mathcal{O}^1_{\underline{m}} = SL_2(R) \cap \mathcal{O}_{\underline{m}}$$

$$\Gamma_1(p^m) = \{x \in \Gamma_o(p^m)\ ,\ x \equiv \begin{pmatrix} 1 & * \\ 0 & 1 \end{pmatrix} \bmod \mathcal{O}_{\underline{o}} p^m\}$$

$$\Gamma(p^m) = \{x \in \Gamma_1(p^m)\ ,\ x \equiv \begin{pmatrix} 1 & 0 \\ 0 & 1 \end{pmatrix} \bmod \mathcal{O}_{\underline{o}} p^m\}\ .$$

On choisit sur $X = K, H, M(2,K)$ la mesure de Tamagawa $D_X^{-1/2} dx$, et sur $X^{\cdot}$ la mesure $\|x\|^{-1} D_X^{-1/2} dx$, cf. Lemme 4.6 et Remarque 4.8. Vérifier le formulaire suivant:

Formulaire.

$$\mathrm{vol}(\Gamma_o(p^m)) = D_K^{-3/2}\,(1-Np^{-2})(Np+1)^{-1}\ Np^{1-m}$$

$$\mathrm{vol}(\Gamma_1(p^m)) = D_K^{-3/2}\ Np^{-2m}$$

$$\mathrm{vol}(\Gamma(p^m)) = D_K^{-3/2}\ Np^{-3m}$$

où Np est le nombre d'éléments du corps résiduel k de K.

Si $\mathcal{O} = \mathcal{O}_{\underline{o}}$ est un ordre maximal d'une algèbre de quaternions H/K, on a :

$$\mathrm{vol}(\mathcal{O}^1_{\underline{o}}) = D_K^{-3/2}(1-Np^{-2}) \cdot \begin{cases} (Np-1)^{-1} & ,\ \text{si } H \text{ est un corps} \\ 1 & ,\ \text{si } H = M(2,K)\ . \end{cases}$$

4.4 (Pizer [3]). Soit $\{L_{nr}, p\}$ le corps de quaternions sur K, unique à isomorphisme près. Il admet la L_{nr}-représentation suivante :

$H = \{L_{nr}, p\} = \{\begin{pmatrix} a & b \\ pb & a \end{pmatrix}\ ,\ a,b \in L_{nr}\}$, où p est une uniformisante de K et L_{nr}/K quadratique non ramifiée.

On note simplement les matrices ci-dessus $[a,b]$. On appelle ordre canonique de niveau Rp^{2r+1}, l'ordre

$\mathcal{O}_{2r+1} = \{[a, p^r b]\ ,\ a,b \in R_L\}$, où R_L est l'anneau des entiers de L_{nr}.

Vérifier que $\mathcal{O}_{2r+1}$ est effectivement un ordre, et soit directement soit sur les discriminant que $\mathcal{O}_1$ est l'ordre maximal.
Vérifier qu'un ordre $\mathcal{O}$ est isomorphe à $\mathcal{O}_{2r+1}$, pour un $r \geq 0$, si et seulement s'il contient un sous-anneau isomorphe à R_L.

Montrer que si $[a,b] \in \mathcal{O}_1^\cdot$, il s'écrit $[a,b] = [a',p^r b'].[1,c]$ où $c = b/a \bmod p^r$ et $a',b' \in R_L$.

En déduire que $[\mathcal{O}_1^\cdot : \mathcal{O}_{2r+1}^\cdot] = Np^{2r}$.

En déduire que le volume de $\mathcal{O}_m^1$ pour la mesure de Tamagawa est égal à :

$$\mathrm{vol}(\mathcal{O}_m^1) = D_K^{-3/2}(1-Np^{-2})(Np-1)^{-1}\, Np^{1-m} \quad , \quad m \geqslant 1 .$$

Cette formule est une généralisation naturelle de celles données dans le formulaire.

4.5 Sous-groupes compacts maximaux. Soient K un corps local non archimédien, et H/K une algèbre de quaternions. On pose $X = H$ ou K . Montrer que les sous-groupes compacts maximaux de $X^\cdot$ sont les groupes d'unités $B^\cdot$ des ordres maximaux B de X .

CHAPITRE III

ALGEBRES DE QUATERNIONS SUR UN CORPS GLOBAL

Nous désirons dans ce chapitre donner les résultats fondamentaux des algèbres de quaternions sur un corps global. Ce sont : le théorème de classification, le théorème d'approximation forte pour les quaternions de norme réduite 1 , les calculs des nombres de Tamagawa, les formules de traces. Nous allons les obtenir avec des méthodes analytiques. Le point-clé est l'équation fonctionnelle des fonctions zêta adéliques. Nous commençons par rappeler la notion fondamentale d'adèle.

1 ADELES

Nous conseillons au lecteur familier avec la notion d'adèle de lire directement le §2 ; et de ne consulter ce § qu'au fur et à mesure de ses besoins.

DEFINITION. Un <u>corps global</u> K est un corps commutatif qui est une extension finie K/K' d'un corps, appelé son <u>sous-corps premier</u> K', égal à l'un des corps suivants :

- $\mathbb{Q}$ le corps des nombres rationnels,
- $\mathbb{F}_p(T)$ le corps des fractions rationnelles en une variable T ,

à coefficients dans le corps fini $\mathbb{F}_p$, où p est un nombre premier. Si $K \supset \mathbb{Q}$, on dit que K est un <u>corps de nombres</u>. Si $K \supset \mathbb{F}_p(T)$, on dit que K est un <u>corps de fonctions</u>.

DEFINITION. On considère l'ensemble des plongements $i: K \to L$ dans des corps locaux L tels que l'image $i(K)$ de K soit dense dans L . Deux plongements i , i' sont dits équivalents s'il existe un isomorphisme $f: L \to L'$ des corps locaux qui interviennent dans leur définition tel que $i' = fi$. Une classe d'équivalence s'appelle une <u>place</u> de K . On la note usuellement v , et l'on note $i_v : K \to K_v$ un plongement dense de K dans un corps local K_v représentant la place v . On distingue les places <u>archimédiennes</u> ou <u>infinies</u> telles que K_v contienne un corps isomorphe à $\mathbb{R}$, des autres places, appelées places <u>finies</u>.

NOTATIONS. On fixe des représentants $i_v : K \to K_v$ des places v de K . On considère alors que K est contenu dans chaque K_v . On note V l'ensemble de toutes les places, ∞ l'ensemble des places infinies, et P l'ensemble des places finies. On reconduit aux corps locaux K_v les définitions du chapitre II, avec un indice v . Si S est un ensemble fini de places de K , tel que $S \supset \infty$, on note

$$R_{(S)} = \bigcap_{v \notin S} (R_v \cap K)$$

l'anneau des éléments de K , entiers aux places n'appartenant pas à S . C'est un anneau de Dedekind. On note si K est un corps de nombres $R_\infty = R$. C'est l'<u>anneau des entiers</u> de K . Si $v \in P$, le cardinal du corps résiduel k_v est noté Nv . On l'appelle la <u>norme</u> de v .

EXEMPLE : <u>Places de</u> $\mathbb{Q}$: une place infinie, représentée par le plongement naturel de $\mathbb{Q}$ dans le corps des nombres réels ; des places finies, représentées par les plongements naturels de $\mathbb{Q}$ dans les corps p-adiques $\mathbb{Q}_p$, pour tout nombre premier p .
<u>Places de</u> $\mathbb{F}_p(T)$: uniquement des places finies, associées aux polynômes irréductibles, et à T^{-1} , cf. Weil [1]. L'ensemble des éléments de K dont l'image appartient à R_v , pour tout $v \in V$ est $\mathbb{F}_p$. L'ensemble des éléments de K dont l'image appartient à R_v , pour tout $v \in V$, non associé à T^{-1} , est égal à $\mathbb{F}_p[T]$. Les polynômes irréductibles unitaires sont en bijection avec les idéaux premiers de $\mathbb{F}_p[T]$.

DEFINITION. Soit H/K une algèbre de quaternions. Une place v de K <u>se ramifie dans</u> H si le produit tensoriel (sur K) $H_v = H \otimes K_v$ est un corps.

EXEMPLE. Si la caractéristique de K est différente de 2 , et si $H = \{a,b\}$, définition I.1 (3), une place v de K se ramifie dans $\{a,b\}$ si et seulement si le symbole de Hilbert $(a,b)_v$ de a,b dans K_v est égal à -1 , d'après II.1.1 . Ceci fournit un moyen rapide pour obtenir les places ramifiées dans $\{a,b\}$.

On remarquera que la définition de ramification est bien naturelle. D'après II.1 p. 39, les places ramifiées de K dans H sont les places v de K telles que H_v/K_v est ramifiée.

LEMME 3.1. <u>Le nombre de places de</u> K <u>ramifiées dans</u> H <u>est fini</u>.

PREUVE : Soit (e) une base de H/K . Pour presque toute place finie v , le réseau engendré par (e) sur R_v est un ordre (cf. ch. I, §5) de discriminant réduit $d_v = R_v$. On déduit de II, que $H_v = M(2,K_v)$ et $R_v[e]$ est un ordre maximal presque partout.

DEFINITION. Le produit des places finies de K ramifiées dans H s'appelle le <u>discriminant réduit de</u> H/K . Si K est un corps de nombres, il s'identifie avec un idéal entier de l'anneau des entiers de K . On le note d ou d_H . C'est un élément du groupe libre engendré par P .

L'ensemble des places de K ramifiées dans H qui joue un rôle fondamental dans la classification est noté $\mathrm{Ram}(H)$. On notera parfois $\mathrm{Ram}_\infty H$, $\mathrm{Ram}_f H$ l'ensemble des places infinies, finies ramifiées dans H .

Considérons la situation où pour toute place $v \in V$ est défini un groupe localement compact G_v , et pour toute place v n'appartenant pas à un ensemble fini $S \subset V$ un sous-groupe compact ouvert C_v de G_v.

DEFINITION. Le <u>produit restreint</u> G_A des groupes localement compacts G_v par rapport aux sous-groupes compacts C_v est égal à :

$$G_A = \{x = (x_v) \in \prod_{v \in V} G_v \ , \ x_v \in C_v \ \text{ p.p.}\} \ ,$$

où p.p. signifie pour presque toute place $v \notin S$. On munit G_A de la topologie telle qu'un système fondamental de voisinages ouverts de l'unité est donné par les ensembles :

$\prod_{v \in V} U_v$, $U_v = C_v$, p.p. et U_v voisinage ouvert de l'unité dans G_v .
On trouvera l'étude de ces groupes dans Bourbaki [3]. On démontre que G_A est un groupe topologique localement compact, et ne dépend pas de S .

Cette situation se présente si G est un groupe algébrique défini sur K . Alors G_v est l'ensemble des points de G à valeurs dans K_v , et C_v l'ensemble des points de G à valeurs dans R_v est défini pour v n'appartenant pas à un ensemble fini de places $S \supset \infty$. Le groupe G_A s'appelle le <u>groupe des adèles de</u> G . Voici quelques exemples :

1) <u>L'anneau des adèles de</u> K . On choisit :

$$G_v = K_v \ , \ S = \infty \ , \ C_v = R_v \ .$$

Le groupe adélique correspondant s'appelle l'anneau des adèles de K . Il est aussi le groupe des adèles du groupe algébrique induit par le groupe additif de K . On le note A ou K_A .

2) <u>Le groupe des idèles de</u> K . On choisit :

$$G_v = K_v^{\bullet} \ , \ S = \infty \ , \ C_v = R_v' \ .$$

Le groupe adélique correspondant s'appelle le groupe des idèles de K . C'est le groupe des unités de A , avec la topologie induite par le plongement $x \to (x, x^{-1})$ dans $A \times A$. Il est aussi le groupe des adèles du groupe algébrique induit par le groupe multiplicatif de K . On le note $A^{\bullet}$ ou $K_A^{\bullet}$.

3) <u>Les groupes adéliques définis par</u> H . On choisit :

a) $G_v = H_v$, $S \supset \infty$, $S \neq \emptyset$, $C_v = \mathcal{O}_v$,

où $\mathcal{O}$ est un ordre de H sur l'anneau $R_{(S)}$, et $\mathcal{O}_v = \mathcal{O} \otimes R_v$, le produit tensoriel étant pris sur $R_{(S)}$.

On définit ainsi l'anneau des adèles de H , que l'on note H_A . Il est égal à $A \otimes H$, où le produit tensoriel est pris sur K .

b) $G_v = H_v^{\bullet}$, $S \supset \infty$, $S \neq \emptyset$, $C_v = \mathcal{O}_v^{\bullet}$,

on définit le groupe des unités de H_A , noté $H_A^{\bullet}$.

c) $G_v = H_v^1$ (ou $H_{v,1}$) , $S \supset \infty$, $S \neq \emptyset$, $C_v = \mathcal{O}_v^1 = \mathcal{O}_{v,1}$,

où X^1 (ou X_1) désigne le noyau de la norme réduite (ou du module) dans X . On définit les groupes adéliques H_A^1 (ou $H_{A,1}$).
Tous ces groupes adéliques sont aussi des exemples de groupes des adèles de groupes algébriques.

<u>Morphismes</u>. On suppose que l'on s'est donné un autre produit restreint G'_A de groupes localement compacts G'_v par rapport à des sous-groupes compacts C'_v . On peut supposer que l'ensemble $S' \subset V$ tel que pour $v \notin S'$ C'_v soit défini, est égal à S . On suppose que l'on a défini pour toute place $v \in V$ un homomorphisme $f_v : G_v \to G'_v$ tel que si $v \notin S$, $f_v(C_v) \subset C'_v$. Alors la restriction de Πf_v à G_A définit un morphisme de G_A dans G'_A que l'on note f_A . Si les applications f_v , $v \in V$, sont continues alors f_A est continue.

EXEMPLE. On définit ainsi la trace réduite $t_A : H_A \to A$, et la norme réduite $n_A : H_A^{\bullet} \to A^{\bullet}$.

On suppose que G' est un groupe, d'unité 1 , et que pour toute place $v \in V$, on a défini des homomorphismes $f_v : G_v \to G'$ tels que $f_v(C_v) = 1$ p.p. On peut alors définir dans G' le produit

$$f_A(x) = \prod_{v \in V} f_v(x_v) \quad , \quad \text{si} \quad x = (x_v) \in G_A$$

EXEMPLE. On définit ainsi la norme N_A et le module $\|.\|_A$ dans $H_A^{\bullet}$ et $A^{\bullet}$.

NOTATIONS. On convient de considérer G_v plongé dans G_A en l'identifiant canoniquement avec $\prod_{w \neq v} 1_w \times G_v$, où 1_w est l'unité de G_w , $w \in V$. Quand G_A est le groupe des adèles d'un groupe algébrique défini sur K , le groupe G_K est le groupe des points de G à valeur dans K . Pour toute place $v \in V$, on choisit un plongement de G_K dans G_v, noté i_v.

Pour presque toute place $i_v(G_K) \subset C_v$, donc l'application $\prod_{v \in V} i_v$ définit un plongement de G_K dans G_A . Nous posons $X = X_K = H$ ou K , et $Y_v = \mathcal{O}_v$ ou R_v , p.p.

Quasi-caractères. On rappelle qu'un quasi-caractère d'un groupe localement compact est un homomorphisme continu de ce groupe dans $\mathbb{C}^{\cdot}$. Soit ψ_A un quasi-caractère de G_A . Par restriction à G_v , il définit un quasi-caractère ψ_v de G_v . On a naturellement la relation :

$$\psi_A(x) = \prod_{v \in V} \psi_v(x_v) \quad \text{si} \quad x = (x_v) \in G_A .$$

Pour que le produit converge dans $\mathbb{C}^{\cdot}$ il est nécessaire et suffisant que $\psi_v(C_v) = 1$ p.p. En effet, si cette propriété n'était pas vérifiée, on pourrait trouver $c_v \in C_v$ tel que $|\psi_v(c_v) - 1| > 1/2$, p.p. et le produit ne convergerait pas pour les éléments x tels que $x_v = c_v$ p.p. On a donc démontré :

LEMME 3.2. L'application $\psi_A \to (\psi_v)$ est un isomorphisme du groupe des quasi-caractères de G_A sur le groupe $\{(\psi_v)$, ψ_v quasi-caractère de G_v , $\psi_v(C_v) = 1$, p.p.$\}$.

Nous pouvons appliquer les résultats locaux du chapitre précédent aux quasi-caractères de X_A . Soit $\psi_A = \prod_{v \in V} \psi_v$ le produit des caractères canoniques locaux (exercice II.4.1) ; le produit est bien défini car $\psi_v(Y_v) = 1$, p.p.). Le lemme précédent montre que tout caractère de X_A est de la forme $x \to \psi_A(ax)$, $a = (a_v) \in X_v$, et $a_v \in \mathrm{Ker}(\psi_v)$ p.p. . Comme $\mathrm{Ker}(\psi_v) = Y_v$, p.p. on en déduit que $a \in A$. Donc X_A est auto-dual. En se ramenant d'abord au cas où $X = \mathbb{Q}$ ou $\mathbb{F}_p(T)$ est un corps premier, on vérifie que ψ_A est trivial sur X_K , et que le dual de X_A/X_K est X_K , cf. Weil [1].

PROPOSITION 3.3. X_A est auto-dual, et X_K est le dual de X_A/X_K .

Nous allons maintenant donner les théorèmes principaux des adèles X_A et $X_A^{\cdot}$. Ces théorèmes sont encore vrais si X est une algèbre centrale simple sur K . La démonstration dans le cas particulier que nous traitons donne une bonne idée de la démonstration dans le cas général (Weil [1]).

THEOREME FONDAMENTAL 1.4. Adèles. 1) X_K est discret dans X_A et X_A/X_K est compact.

2) (th. d'approximation). Pour toute place v , $X_K + X_v$ est dense dans X_A .

Idèles. 1) $X_K^{\cdot}$ <u>est discret dans</u> $X_A^{\cdot}$.

2) (formule du produit). <u>Le module est égal à</u> 1 <u>sur</u> $X_K^{\cdot}$.

3) (th. de Fujisaki [1]). <u>Si</u> X <u>est un corps, l'image dans</u> $X_A^{\cdot}/X_K^{\cdot}$ <u>de l'ensemble</u>

$$Y = \{x \in X_A^{\cdot} \quad 0 < m \leqslant \|x\|_A \leqslant M\} \quad , \quad m, M \text{ réels,}$$

<u>est compacte</u>.

4) <u>Pour toute place</u> v , <u>infinie si</u> K <u>est un corps de nombres, il existe un ensemble compact</u> C <u>de</u> X_A <u>tel que</u> $X_A^{\cdot} = \overline{X_K^{\cdot} X_v^{\cdot} C}$.

PREUVE : <u>Adèles</u>. 1) Montrons que X_K est discret dans X_A . Il suffit de vérifier que 0 n'est pas un point d'accumulation de X_K . Dans un voisinage suffisamment petit de 0 , les seuls éléments possibles de X_K sont entiers pour toutes les places finies : donc en nombre fini si K est un corps de fonctions, et appartiennent à $\mathbb{Z}$ si $X = \mathbb{Q}$. Dans ces deux cas, il est clair que 0 ne peut pas être un point d'accumulation. On a le même résultat pour tout X , car X est un espace vectoriel de dimension finie sur $\mathbb{Q}$ ou un corps de fonctions. Le groupe dual d'un groupe discret est compact : donc X_A/X_K , dual de X_K est compact.

2) Théorème d'approximation. On montre qu'un caractère de X_A trivial sur X_K est déterminé par sa restriction à X_v . En effet, un caractère trivial sur X_K et sur X_v est de la forme $x \to \psi_A(ax)$ où ψ_A est le caractère canonique, avec a dans X_K et $\psi_v(ax_v) = 1$ pour tout $x_v \in X_v$. Ceci implique $a = 0$, et le caractère $\psi_A(ax)$ est trivial.

<u>Idèles</u>. 1) Montrons que $X_K^{\cdot}$ est discret dans $X_A^{\cdot}$. Il suffit de voir que 1 n'est pas un point d'accumulation. Une suite d'éléments (x_n) de $X_K^{\cdot}$ converge vers 1 , si et seulement si (x_n) et (x_n^{-1}) convergent vers 1 . Il suffit que (x_n) converge vers 1 , donc que 1 soit un point d'accumulation de X_K dans X_A . Ce n'est pas possible d'après le théorème des adèles.

<u>Formule du produit</u>. Soit x un élément de X_K ; pour montrer que le module de x est égal à 1 , il faut et il suffit de vérifier que le volume d'un ensemble mesurable $Y \subset X_A$ est égal au volume de xY , pour une mesure de Haar quelconque. On a :

$$\mathrm{vol}(xY) = \int_{X_A} \varphi(x^{-1}y)dy = \int_{X_K \backslash X_A} \Big(\sum_{z \in X_K} \varphi(zx^{-1}y)d\dot{y}$$

$$= \int_{X_K \backslash X_A} \sum_{z \in X_K} \varphi(zy)d\dot{y} = \mathrm{vol}(Y)$$

où φ est la fonction caractéristique de Y , où $d\dot{y}$ est la mesure sur $X_K \backslash X_A$ déduite par compatibilité avec dy et la mesure discrète sur X_K , prenant la valeur 1 sur chaque élément de X_K .

<u>Théorème de Fusijaki</u>. Un ensemble compact de $X_A^{\bullet}$ est de la forme

$$\{x \in X_A^{\bullet} \; , \; (x,x^{-1}) \in C \times C'\}$$

pour deux compacts C et C' de X_A . Pour x élément de Y , i.e.

$$0 < m \leqslant \|x\| \leqslant M$$

on cherche a élément de $X_K^{\bullet}$ tel que $xa \in C$ et $a^{-1}x^{-1} \in C'$. On choisit dans X_A un compact C'' de volume suffisamment grand, supérieur à

$$\mathrm{vol}(X_A/X_K) \; \mathrm{Sup}(m^{-1},M)$$

de sorte que les volumes de $x^{-1}C''$ et $C''x$ soient strictement supérieurs au volume de X_A/X_K . On pose alors $C = C''-C'' = \{x-y/ \, x,y \in C''\}$. C'est un compact de X_A puisque l'application $(x,y) \to x-y$ est continue. Il existe $a,b \in X_K$ tels que $xa \in C$, $bx^{-1} \in C$. A ce point on suppose que X est un corps : alors on peut choisir a , b dans $X_K^{\bullet}$. On a $ba \in C^2$ qui est compact dans X_A . Le nombre de valeurs possibles pour $ba = c$ est donc fini, et on choisit $C' = \cup c^{-1}C$.

4) Grâce au théorème de Fusijaki, elle est évidente pour un corps X . En effet, avec le choix fait pour v , le groupe des modules de $X_v^{\bullet}$ est d'indice fini dans celui de $X_A^{\bullet}$, et si nous notons $X_{A,1}^{\bullet}$ les éléments de X_A de module 1 , on vient de montrer que $X_{A,1}/X_K$ est compact. Il reste le cas de $M(2,K)$. C'est bien connu, on utilise l'existence des "ensembles de Siegel". Mais dans le cas très simple qui nous intéresse, la démonstration est très facile. Soient P le groupe des matrices triangulaires supérieures , D celui des matrices diagonales, et N le groupe unipotent de P . Par triangulation (II, lemme 2.2 pour $v \in P$),on a

$$GL(2,A) = P_A . C = D_A \, N_A \, C$$

où C est égal à un sous-groupe compact maximal de $GL(2,A)$. D'après le théorème d'approximation dans les adèles $A \simeq N_A$, et la propriété 4) étant démontrée pour K , on a :

$$P_A = D_K \, D_v \, C' \, . \, N_K \, N_v \, C'' \; .$$

La relation élémentaire de permutation

$$\begin{pmatrix} a & 0 \\ 0 & b \end{pmatrix}\begin{pmatrix} 1 & x \\ 0 & 1 \end{pmatrix} = \begin{pmatrix} 1 & ax/b \\ 0 & 1 \end{pmatrix}\begin{pmatrix} a & 0 \\ 0 & b \end{pmatrix}$$

implique que $P_A = P_K \, P_v \, C''$

où $C'' \subset P_A$ est compact. On en déduit 4).

EXERCICE

1.1 Soit X un corps global K, ou un corps de quaternions H/K. Montrer que $X_A^{\cdot}/X_K^{\cdot}$ est le produit direct du groupe compact $X_{A,1}/X_K^{\cdot}$ et d'un groupe isomorphe à $\mathbb{R}_+ = \{x \in \mathbb{R}, x > 0\}$ ou à $\mathbb{Z}$, selon que la caractéristique de K est nulle ou non. En déduire que le groupe des quasi-caractères (homomorphismes continus dans $\mathbb{C}^{\cdot}$) de $X_A^{\cdot}$ triviaux sur $X_K^{\cdot}$ est isomorphe au produit direct du groupe des caractères (homomorphismes à valeurs dans $\{z \in \mathbb{C}, |z| = 1\}$) de $X_{A,1}/X_K^{\cdot}$ par le groupe des quasi-caractères de $\mathbb{R}_+$ ou $\mathbb{Z}$. Montrer alors que tout quasi-caractère de $X_A^{\cdot}$ trivial sur $X_K^{\cdot}$ est de la forme

$$\chi(x) = c(x).\|x\|^s$$

où $s \in \mathbb{C}$, et c est un caractère de $X_A^{\cdot}$ trivial sur $X_K^{\cdot}$.

2 FONCTIONS ZETA. NOMBRES DE TAMAGAWA

DEFINITION. La <u>fonction zêta classique</u> de X, où X est un corps global K ou une algèbre de quaternions H/K est le produit des fonctions zêta de X_v, quand $v \in P$. Ce produit est absolument convergent quand la variable complexe s a une partie réelle $\operatorname{Re} s > 1$. On a donc :

$$\zeta_X(s) = \prod_{v \in P} \zeta_v(s) \quad , \quad \operatorname{Re} s > 1 .$$

On déduit de II.4.2 la relation suivante, dite <u>formule multiplicative</u> :

$$\zeta_H(s/2) = \zeta_K(s)\, \zeta_K(s-1) \prod_{v \in \operatorname{Ram}_f H} (1 - Nv^{1-s})$$

où Nv est la norme de l'idéal premier associé à la place finie $v \in P$.

Cette formule joue un rôle fondamental dans le classification des algèbres de quaternions sur un corps global. La définition des fonctions zêta générales est intuitive : on ne spécialise plus les places finies.

DEFINITION. La <u>fonction zêta</u> de X est le produit $Z_X(s) = \prod_{v \in V} Z_{X_v}(s)$ des fonctions zêta locales de X_v, pour $v \in V$.

Par abus, on appelle aussi fonction zêta de X le produit de Z_X par une constante non nulle. L'équation fonctionnelle n'est pas modifiée.

PROPOSITION 2.1 (Formule multiplicative). <u>La fonction zêta du corps global</u> K <u>est égale à</u> :

$$Z_K(s) = Z_{\mathbb{R}}(s)^{r_1}\, Z_{\mathbb{C}}(s)^{r_2}\, \zeta_K(s) ,$$

<u>où</u> r_1 , r_2 <u>désignent les nombres de places réelles, complexes de</u> K , <u>et les facteurs locaux archimédiens sont les facteurs gamma</u> :

$$Z_{\mathbb{R}}(s) = \pi^{-s/2}\,\Gamma(s/2) \quad , \quad Z_{\mathbb{C}}(s) = (2\pi)^{-s}\,\Gamma(s) .$$

<u>La fonction zêta de l'algèbre de quaternions</u> H/K <u>est égale à</u> :

$$Z_H(s) = Z_K(2s)\, Z_K(2s-1)\, J_H(2s)$$

<u>où</u> $J_H(2s)$ <u>dépend de la ramification de</u> H/K , <u>et</u>

$$J_H(s) = \prod_{v\in \mathrm{Ram}\, H} J_v(s) ,$$

<u>avec</u>

$$J_v(s) = \begin{cases} 1-Nv^{1-s} & , \text{ si } v\in P , \\ s-1 & , \text{ si } v\in \infty . \end{cases}$$

Nous allons maintenant utiliser les mesures adéliques suivantes :

$$\text{sur } X_A , \quad dx_A' = \prod_v dx_v' \quad \text{avec} \quad dx_v' = \begin{cases} dx_v & , v\in\infty \\ D_v^{-1/2} dx_v & , v\in P \end{cases}$$

$$\text{sur } X_A^{\bullet} , \quad dx_A^{*} = \prod_v dx_v^{*} \quad \text{avec} \quad dx_v^{*} = \begin{cases} dx_v^{\bullet} & , v\in\infty \\ D_v^{-1/2} dx_v^{\bullet} & , v\in P \end{cases}$$

Voir II.4, p. 49 , pour les définitions locales.

Nous en déduisons par compatibilité des mesures adéliques sur les groupes $X_{A,1}$, H_A^1 , $H_A^{\bullet}/K_A^{\bullet}$, que nous noterons respectivement $dx_{A,1}$, dx_A^1 , $dx_{A,p}$. Nous noterons de la même façon la mesure adélique sur G_A , et celle sur G_A/G_K obtenue par compatibilité avec la mesure discrète assignant à chaque élément de G_K la valeur 1 , quand G_K est un sous-groupe discret de G_A .

DEFINITION. Le <u>discriminant</u> de X est le produit des discriminants locaux D_v . On le note $D_X = \prod_{v\in P} D_v$.

Ce nombre D_X est bien défini, car $D_v = 1$, p.p.

On a aussi :

$$D_H = D_K^4\, N(d_H)^2 \quad \text{où} \quad N(d_H) = \prod_{v\in \mathrm{Ram}_f H} Nv$$

est la norme du discriminant réduit de H/K .

<u>Transformation de Fourier</u>. Elle est définie avec le caractère canonique $\psi_A = \prod_v \psi_v$ et la mesure auto-duale dx_A' sur X_A :

$$f^*(x) = \int_{X_A} f(y)\psi_A(xy)dy'_A .$$

Le groupe X_K étant discret, cocompact, de covolume

$$\mathrm{vol}(X_A/X_K) = 1$$

dans X_A pour la mesure dx'_A , d'après le théorème 1.4 , on a la

FORMULE DE POISSON :

$$\sum_{a\in X_K} f(a) = \sum_{a\in X_K} f^*(a)$$

pour toute fonction <u>admissible</u> f , i.e. f , f^* sont continues et intégrables, et pour tout $x \in X_A$, $\sum_{a\in X_K} f(x+a)$ et $\sum_{a\in X_K} f^*(x+a)$ convergent absolument et uniformément par rapport au paramètre x .

On appliquera cette formule à un ensemble formé de fonctions admissibles, stable par transformation de fourier : $\mathcal{S}(X_A)$.

DEFINITION. Les <u>fonctions de Schwartz-Bruhat</u> sur X_A sont les combinaisons linéaires des fonctions de la forme

$$f = \prod_{v\in V} f_v$$

où f_v est une fonction de Schwartz-Bruhat sur X_v . On notera $\mathcal{S}(X_A)$ l'espace de ces fonctions.

EXEMPLE. La <u>fonction canonique</u> de X_A égale au produit des fonctions canoniques locales : $\Phi = \prod_{v\in V} \Phi_v$.

La définition générale des fonctions zêta fait intervenir les quasi-caractères χ de $X_A^{\bullet}$, <u>triviaux</u> sur $X_K^{\bullet}$. Si X est un corps, le théorème de Fusijaki (th. 1.4 et exercice 1.1) montre que :

$$\chi(x) = c(x)\,\|x\|^s \quad , \quad s \in \mathbb{C}$$

où c est un <u>caractère</u> de $X_A^{\bullet}$, trivial sur $X_K^{\bullet}$.

DEFINITION. <u>La fonction zêta d'une fonction de Schwartz-Bruhat</u> $f \in \mathcal{S}(X_A)$, <u>et d'un quasi-caractère</u> $\chi(x) = c(x)\,\|x\|^s$ de $X_A^{\bullet}$ trivial sur $X_K^{\bullet}$ est définie par l'intégrale :

$$Z_X(f,\chi) = \int_{X_A^{\bullet}} f(x)\,\chi(x)\,dx_A^* ,$$

notée encore

$$Z_X(f,c,s) = \int_{X_A^{\bullet}} f(x)\,c(x)\,\|x\|^s\,dx_A^* ,$$

quand cette intégrale converge absolument.

On remarquera que la <u>fonction zêta</u> de X est à une constante multiplicative près indépendante de s , égale à

$$Z_X(\Phi,1,s) \ .$$

L'équation fonctionnelle des fonctions zêta est un point-clé de la théorie des algèbres de quaternions.

THEOREME 2.2. Equation Fonctionnelle.

1) <u>La fonction zêta</u> $Z_X(f,c,s)$ <u>est définie par une intégrale absolument convergente pour</u> $\mathrm{Re}\, s > 1$.

2) <u>Si</u> X <u>est un corps, elle se prolonge en une fonction méromorphe sur</u> $\mathbb{C}$, <u>vérifiant l'équation fonctionnelle</u> :

$$Z_X(f,c,s) = Z_X(f^*,c^{-1},1-s) \ .$$

a) <u>Les seuls pôles possibles sont</u>

. $s=0,1$, <u>de résidus respectifs</u> $-m_X(c)f(0)$, $m_X(c)f^*(0)$ <u>si</u> K <u>est un corps de nombres</u>.

. $s \in \frac{2\pi i\,\mathbb{Z}}{\mathrm{Log} q}$, $\frac{1+2\pi i\,\mathbb{Z}}{\mathrm{Log} q}$, <u>de résidus respectifs</u> $-m_X(c)f(0)/\mathrm{Log} q$ <u>et</u> $m_X(c)f^*(0)/\mathrm{Log} q$, <u>si</u> K est un corps de fonctions, et $\|X_A\| = q^{\mathbb{Z}}$.

<u>On a posé</u> :

$$m_X(c) = \int_{X_{A,1}/X_K^{\bullet}} c^{-1}(x)\, dx_{A,1} \ .$$

<u>En particulier, si</u> c <u>est un caractère non trivial, la fonction zêta</u> $Z_X(f,c,s)$ <u>est entière</u>.

b) <u>Le volume</u> $\mathrm{vol}(X_{A,1}/X_K^{\bullet})$ <u>est égal à</u> $m_X(1) = \lim_{s\to 1} \zeta_K(s)$ <u>noté</u> m_K .

COROLLAIRE 2.3. <u>La fonction zêta de</u> X <u>définie en</u> 2.1 <u>vérifie l'équation fonctionnelle</u> :

$$Z_X(s) = D_X^{\frac{1}{2}-s}\, Z_X(1-s) \ ,$$

<u>si</u> X <u>est un corps</u>.

DEFINITION. Le <u>quasi-caractère dual</u> χ^* d'un quasi-caractère χ de $X_A^{\bullet}$, trivial sur $X_K^{\bullet}$ est égal à

$$\chi^*(x) = \chi(x)^{-1}\, \|x\| \ .$$

Avec cette définition, l'équation fonctionnelle de $Z_X(f,\chi)$ quand X est un corps, s'écrit :

$$Z_X(f,\chi) = Z_X(f^*,\chi^*) \ .$$

Démonstration de l'équation fonctionnelle.

1) La méthode de Riemann : pour obtenir l'équation fonctionnelle de la fonction zêta de Riemann

$$\zeta(s) = \sum_{n\geqslant 1} n^{-s} = \prod_{p}(1-p^{-s})^{-1} \qquad s\in\mathbb{C}\ ,\ \mathrm{Re}\, s > 1$$

on considère :

$$Z(s) = \int_0^\infty e^{-\pi x^2}\, x^{-s}\, dx/x = \pi^{-s/2}\,\Gamma(s/2)\,\zeta(s)$$

on sépare $\mathbb{R}_+$ en deux parties $\mathbb{R}_+ = [0,1]\cup[1,\infty]$. L'intégrale restreinte à $[0,1]$ définit une fonction entière. Sur l'intégrale restreinte à $[1,\infty]$ on fait le changement de variables $x \to x^{-1}$. La formule de Poisson permet alors de retrouver une fonction entière, plus une fraction rationnelle de pôles simples 0 , 1 . Comme on a déjà pu le constater, $Z_X(f,c,s)$ est une généralisation de la fonction zêta de Riemann. La méthode de démonstration de l'équation fonctionnelle est la même.

2) Application à $Z_X(f,c,s)$. Nous nous occuperons des questions de convergence plus loin. Admettons pour l'instant que $Z_X(f,c,s)$ converge pour $\mathrm{Re}\, s$ assez grand, et que X est un corps. On choisit une fonction φ séparant $\mathbb{R}_+$ en deux parties $[0,1]$ et $[1,\infty[$, en posant :

$$\varphi(x) = \begin{cases} 0 & , \text{ si } 0\leqslant x < 1 \\ 1/2 & , \text{ si } x = 1 \\ 1 & , \text{ si } x > 1 \end{cases}$$

Nous considérons d'abord l'intégrale prise pour $\|x\|^{-1}\in[0,1]$

$$Z_X^1(f,c,s) = \int_{X_A^\cdot} f(x)\, c(x)\, \varphi(\|x\|)\, \|x\|^s\, dx_A^* \ ,$$

qui définit une fonction entière sur $\mathbb{C}$. En effet si $Z_X^1(f,c,s)$ converge absolument, pour $\mathrm{Re}\, s \geqslant \mathrm{Re}\, s_0$, elle converge aussi absolument pour $\mathrm{Re}\, s \leqslant \mathrm{Re}\, s_0$, car $\|x\|^s \leqslant \|x\|^{s_0}$ si $\|x\| \geqslant 1$.

L'intégrale restante prise pour $\|x\|^{-1}\in[1,\infty]$, après le changement de variables $x\to x^{-1}$, s'écrit :

$$I = \int_{X_A^\cdot} f(x^{-1})\, c(x^{-1})\, \varphi(\|x\|)\, \|x\|^{-s}\, dx_A^* \ .$$

On lui applique la formule de Poisson, après avoir remarqué que tous les termes sous le signe d'intégration sauf $f(x^{-1})$ ne dépendent que de la classe de x dans $X_A^\cdot/X_K^\cdot$. On utilise que X est un corps, en écrivant $X_K = X_K^\cdot \cup\{0\}$.

$$I = \int_{X_A^\cdot/X_K^\cdot} c(x^{-1})\, \varphi(\|x\|)\, \|x\|^{-s} \Big\{\sum_{a\in X_K} f(ax^{-1}) - f(0)\Big\} dx_A^*$$

où le terme en accolades, transformé par la formule de Poisson, est :

$$\|x\| \left[f^*(0) + \sum_{a \in X_K^\cdot} f^*(xa)\right] - f(0) .$$

En regroupant les termes, I s'écrit comme la somme d'une fonction entière sur $\mathbb{C}$ et d'un reste contenant deux termes :

$$I = Z^1(f^*, c^{-1}, 1-s) + J(f^*, c, 1-s) - J(f, c, -s)$$

avec

$$J(f,c,-s) = f(0) \int_{X_A^\cdot / X_K^\cdot} c(x^{-1}) \, \|x\|^{-s} \, \varphi(\|x\|) \, dx_A^* .$$

En utilisant la suite exacte,

$$1 \to X_{A,1}/X_K^\cdot \to X_A^\cdot/X_K^\cdot \to \|X_A^\cdot\| \to 1$$

on obtient :

$$J(f,c,-s) = f(0) . \int_{\|X_A^\cdot\|} t^{-s} \varphi(t) \, dt^\cdot . \int_{X_{A,1}/X_K^\cdot} c^{-1}(y) \, dy .$$

La fonction J est le produit de trois termes. La première intégrale ne dépend que de s, la seconde que de c. Comme il existe s_o tel que la première intégrale converge, on en déduit que la seconde converge pour tout c. On retrouve de cette façon sans utiliser le théorème de Fujisaki que

$$m_X(c) = \int_{X_{A,1}/X_K^\cdot} c^{-1}(y) \, dy < \infty .$$

Calcul de l'intégrale en s : selon que K est un corps de nombres, ou un corps de fonctions elle vaut :

$$\int_1^\infty t^{-s} \, dt/t \qquad \text{ou} \qquad \frac{1}{2} + \sum_{m \geq 1} q^{-ms} \quad , \quad \text{si } \|X\|_A = q^{\mathbb{Z}}$$

c'est-à-dire :

$$s^{-1} \qquad \text{ou} \qquad \frac{1}{2}(1-q^{-s})^{-1}(1+q^{-s}) .$$

On réunit les résultats pour obtenir l'expression suivante pour la fonction zêta :

$$Z_X(f,c,s) = Z_X^1(f,c,s) + Z_X^1(f^*, c^{-1}, 1-s)$$

$$- m_X(c) . \begin{cases} f^*(0)(1-s)^{-1} + f(0)s^{-1} & , \text{ si } K \text{ est un corps de nombres} \\ \dfrac{f^*(0)}{2} \dfrac{1+q^{s-1}}{-1+q^{s-1}} + \dfrac{f(0)}{2} \dfrac{1+q^{-s}}{1-q^{-s}} & , \text{ si } K \text{ est un corps de fonctions, et } \|X\|_A = q^{\mathbb{Z}} \end{cases}$$

Nous en déduisons l'équation fonctionnelle, et les pôles de $Z_X(f,c,s)$

quand X est un corps.

3) Calcul de $m_X(1)$. Le résidu au point $s=1$ de la fonction zêta particulière $Z_X(\Phi,1,s)$ est par définition :

$$\lim_{s\to 1} (s-1) \int_{X_A^\cdot} \Phi(x) \, \|x\|^s \, dx_A^*$$

où $dx_A^* = \|x\|^{-1} \prod_{v\in P} (1-Nv^{-1}) \, dx'_v \prod_{v\in\infty} dx'_v$.

On vérifie que ce résidu est égal à

$$\int_{X_A} \Phi(x) \, dx'_A \, . \lim_{s\to 1} (s-1)\zeta_K(s) = \Phi^*(0) \, . \lim_{s\to 1} (s-1)\zeta_K(s) \, .$$

D'autre part, nous avons vu en 2) que ce résidu est égal à $m_X(1) \, \Phi^*(0)$. En comparant, on obtient la valeur de $m_X(1)$:

$$m_X(1) = \mathrm{vol}(X_{A,1}/X_K) = \lim_{s\to 1} (s-1)\zeta_K(s) = m_K \, .$$

Nous avons obtenu la valeur du nombre de Tamagawa de X_1 :

$$\tau(X_1) = \int_{X_{A,1}/X_K} m_K^{-1} \, dx_{A,1} = 1$$

Ce calcul est un exemple des comparaisons très riches entre $Z_H(s)$ et $Z_K(s)$. Nous avons d'une part une équation fonctionnelle pour $Z_H(s)$ obtenue en 2) si H est un corps, et d'autre part une formule multiplicative reliant $Z_H(s)$ à $Z_K(s)$, d'après 2.1. Nous pouvons donc déduire de l'équation fonctionnelle de $Z_K(s)$ les propriétés et l'équation fonctionnelle de $Z_H(s)$, pour tout H . Comparons les résultats obtenus par les deux méthodes : on a la chance d'obtenir des résultats apparemment différents qui doivent être les mêmes. On en déduira au §3 une grande partie du théorème de classification.

4) Convergence. La fonction zêta de Riemann converge absolument pour $\mathrm{Re}\, s = \sigma > 1$ car $\zeta(\sigma) = \Sigma\, n^{-\sigma}$ vérifie

$$1 < \zeta(\sigma) < 1 + \int_1^\infty t^{-\sigma} \, dt \, .$$

Si K est une extension finie de degré d de $\mathbb{Q}$, il y a dans K au plus d idéaux premiers au-dessus d'un idéal premier de $\mathbb{Z}$, et

$$1 < \zeta_K(\sigma) = \prod_P (1-NP^{-\sigma})^{-1} \leqslant \zeta(\sigma)^d$$

où P parcourt les idéaux premiers de K . Donc la fonction zêta converge pour $\mathrm{Re}\, s > 1$.

Si K est un corps de fonctions $\mathbb{F}_q(T)$, la fonction zêta est une fraction rationnelle en q^{-s} et la question de convergence ne se pose pas.

<u>Convergence des fonctions zêta générales</u> : soient f une fonction de l'espace de Schwartz-Bruhat, et c un caractère de $X_{A,1}$. Il existe M, N des nombres réels strictement positifs tels que $N\Phi < f < M\Phi$, et $|c| = 1$, donc l'intégrale $Z_X(f,c,s)$ converge absolument dès que la fonction zêta de X que l'on a notée $Z_X(s)$ converge absolument. On a vu qu'elle s'exprime comme un produit de fonctions zêta du centre : $Z_K(2s)\ Z_K(2s-1)$, par un terme pour lequel le problème de convergence ne se pose pas. On voit que $Z_X(s)$ est définie par une intégrale absolument convergente pour $\mathrm{Re}\, s > 1$.

DEFINITION. La <u>mesure de Tamagawa</u> sur X_A, où $X = H$ ou K, est la mesure de Haar dx'_A. La mesure de Tamagawa sur $X^\bullet_A$ est la mesure de Haar $m_K^{-1}\, dx^*_A$. Les mesures dx'_A, dx^*_A ont été définies p.65, et m_K est le résidu au point $s = 1$ de la fonction zêta classique ζ_K de K. On en déduit des mesures de Tamagawa de façon canonique sur les groupes $X_{A,1}$, H^1_A, $H^\bullet_A/K^\bullet_A$, respectivement noyau du module $\|\cdot\|_X$ sur X, de la norme réduite, groupe projectif.

DEFINITION. Les <u>nombres de Tamagawa</u> de $X = H$ ou K, X_1, H^1, $G = H^\bullet/K^\bullet$ sont les volumes calculés pour les mesures canoniques, obtenues à partir des mesures de Tamagawa,

$$\tau(X) = \mathrm{vol}(X_A/X_K) \qquad \tau(X_1) = \mathrm{vol}(X_{A,1}/X^\bullet_K)$$
$$\tau(H^1) = \mathrm{vol}(H^1_A/H^1_K) \qquad \tau(G) = \mathrm{vol}(H^\bullet_A/K^\bullet_A H^\bullet_K) .$$

Cette définition suppose que ces volumes sont finis. C'est en effet le cas. On a le

THEOREME 2.3. <u>Les nombres de Tamagawa de</u> X, X_1, H^1, G <u>ont pour valeurs</u> :

$$\tau(X) = \tau(X_1) = \tau(H^1) = 1 \quad , \quad \tau(G) = 2 .$$

PREUVE : Quand X est un corps, le calcul de ces nombres de Tamagawa est implicitement contenu dans le théorème 2.2 de l'équation fonctionnelle. Si $X = M(2,K)$, on doit faire un calcul direct. Le théorème 2.3 s'étend aux algèbres centrales simples X. On a dans ce cas $\tau(X) = \tau(X_1) = \tau(H^1) = 1$ et $\tau(G) = n$, si $[X:K] = n^2$. Référence : Weil [2]. Par définition de la mesure de Tamagawa, $\tau(X) = 1$. On démontre que $\tau(G) = 2\tau(H^1)$ et $\tau(H_1) = \tau(H^1)$, puis que $\tau(H^1) = 1$. Les démonstrations sont analytiques, et la formule de Poisson intervient.
La suite exacte compatible avec les mesures de Tamagawa :

$$1 \longrightarrow H^1_A/H^\bullet_K \longrightarrow H_{A,1}/H^\bullet_K \xrightarrow{n} K_{A,1}/K^\bullet \longrightarrow 1$$

montre que $\tau(H^1) = \tau(H_1)\,\tau(K_1)^{-1}$. Le théorème 2.2 montre que :

$$\tau(H_1) = \tau(K_1) = 1$$

si H est un corps, à cause de la définition même des mesures de Tamagawa. Donc $\tau(H^1) = \tau(H_1)$, pour toute algèbre de quaternions H/K , et $\tau(H^1) = \tau(H_1) = 1$ si H est un corps.
On déduit de la démonstration de 2.2 que

$$2 \int_{K_A^\bullet/K^\bullet} f(\|k\|_K)\, dk_A^* = \int_{K_A^\bullet/K^\bullet} f(\|k\|_K^2)\, dk_A^*$$

pour toute fonction f telle que ces intégrales convergent absolument.
En utilisant que $\|h\|_H = \|n(h)\|_K^2$ si $h \in H_A^\bullet$, on voit que :

$$\int_{H_A^\bullet/H_K^\bullet} f(\|h\|_H)dh_A^\bullet = \tau(H^1) \int_{K_A^\bullet/K^\bullet} f(\|k\|_K^2)dk_A^* = \tau(G) \int_{K_A^\bullet/K^\bullet} f(\|k\|_K)dk_A^*$$

d'où on déduit que $\tau(G) = 2\tau(H^1)$.
Le théorème est donc démontré quand $X = H$ ou K est un corps.
Il reste à démontrer que $\tau(SL(2,K)) = 1$. Le point de départ est la formule

$$(2) \qquad \int_{A^2} f(x)dx = \int_{SL(2,A)/SL(2,K)} \Big[\sum_{a \in K^2 - \binom{0}{0}} f(ua)\Big]\, \tau(u)$$

où f est une fonction admissible sur A^2 , cf. chapitre 2, §2, et $\tau(u)$ est une mesure de Tamagawa sur $SL(2,A)/SL(2,K)$, et où A^2 est identifié aux colonnes à deux éléments dans A , sur lesquelles $SL(2,A)$ opère par

$$\begin{pmatrix} a & b \\ c & d \end{pmatrix}\begin{pmatrix} x \\ y \end{pmatrix} = \begin{pmatrix} ax+by \\ cx+dy \end{pmatrix} .$$

L'orbite de $\binom{1}{0}$ est $A^2 - \binom{0}{0}$ et son groupe d'isotropie $N_A = \left\{\begin{pmatrix} 1 & x \\ 0 & 1 \end{pmatrix},\ x \in A\right\}$.

On applique la formule de Poisson,

$$\sum_{a \in K^2} f(ua) = \sum_{a \in K^2} f^*({}^t u^{-1} a)$$

car $\det(u) = 1$. Ceci nous donne une autre expression pour l'intégrale (2) en fonction de f^* . En fait, on écrit plutôt l'intégrale avec f^* en fonction de $f^{**}(x) = f(-x)$. Comme $\tau({}^t u^{-1}) = \tau(u)$, on obtient

$$(3) \qquad \int_{A^2} f^*(x)dx = \int_{SL(2,A)/SL(2,K)} \Big[\sum_{a \in K^2} f(ux) - f^*(0)\Big]\tau(u) .$$

La différence (2)-(3) s'écrit :

$$\int_{A^2} [f(x)-f^*(x)]dx = \int_{SL(2,A)/SL(2,K)} [f^*(0)-f(0)]\tau(u) .$$

On en déduit que le volume de $SL(2,A)/SL(2,K)$ pour la mesure τ est égal à 1 .

Note historique.
La fonction zêta d'une algèbre centrale simple sur le corps des nombres rationnels fut introduite par K. Hey en 1929 qui démontra son équation fonctionnelle dans le cas où l'algèbre est un corps. M. Zorn remarqua en 1933 les applications de l'équation fonctionnelle à la classification des quaternions (§3). Les résultats de K. Hey furent généralisés par H. Leptin [1], M. Eichler [4], et H. Maass [2] à la notion de fonctions L avec des caractères. L'application des techniques adéliques à leur étude fut faite par Fusijaki [1], et la formulation la plus générale de ces fonctions zêta est due à R. Godement [1], [2]. On trouvera des développements de leur théorie dans T. Tamagawa [3], H. Shimizu [3]. L'application de l'équation fonctionnelle au calcul de nombres de Tamagawa se trouve dans A. Weil [2].

EXERCICES

2.1 La fonction zêta de Riemann. Déduire de l'équation fonctionnelle générale (théorème 2.2, p. 67) celle de la fonction zêta de Riemann $\zeta(s) = \sum_{n\geq 1} n^{-s}$, Re s > 1 , à savoir :

$$\xi(s) = \pi^{-s/2}\Gamma(s/2)\zeta(s)$$

est invariant par $s \to 1-s$, ou encore :

$$\zeta(1-s) = \frac{2}{(2\pi)^s} \cos(\pi s/2)\ \Gamma(s)\ \zeta(s) .$$

Montrer alors que pour tout entier $k \geq 1$, les nombres $\zeta(-2k)$ sont nuls, les nombres $\zeta(1-2k)$ sont non nuls et donnés par :

$$\zeta(1-2k) = \frac{2(-1)^k(2k-1)!}{(2\pi)^{2k}} \zeta(2k)$$

et que

$$\zeta(0) = -\frac{1}{2} .$$

On définit les nombres de Bernoulli B_{2k} par le développement en série :

$$\frac{x}{e^x-1} = 1 - \frac{x}{2} + \sum_{k\geq 1} (-1)^{k+1} B_{2k} \frac{x^{2k}}{(2k)!} .$$

Démontrer que

$$\zeta(2k) = \frac{2^{2k-1}}{(2k)!} B_{2k}\ \pi^{2k} .$$

En déduire que les nombres $\zeta(1-2k)$ sont rationnels et sont donnés par la formule :

$$\zeta(1-2k) = (-1)^k \frac{B_{2k}}{2k} .$$

Vérifier la table numérique :

$$\zeta(-1) = -\frac{1}{2^2.3} , \quad \zeta(-3) = \frac{1}{2^3.3.5} , \quad \zeta(-5) = -\frac{1}{2^2.3^2.7} ,$$

$$\zeta(-7) = \frac{1}{2^4.3.5} , \quad \zeta(-9) = -\frac{1}{3.2^2.11} , \quad \zeta(-11) = \frac{691}{2^3.3^2.5.7.13} .$$

3 CLASSIFICATION

Nous nous proposons d'expliquer comment le théorème de classification peut être démontré avec les fonctions zêta, et comment on en déduit la loi de réciprocité pour le symbole de Hilbert, et le principe de Hasse-Minkowski pour les formes quadratiques

THEOREME 3.1 (Classification). Le nombre $|\mathrm{Ram}(H)|$ de places ramifiées dans une algèbre de quaternions H sur K est pair. Pour tout ensemble fini S de places de K, d'ordre $|S|$ pair, il existe une et une seule algèbre de quaternions H sur K, à isomorphisme près, telle que $S = \mathrm{Ram}(H)$.

Une façon équivalente de formuler ce théorème avec une suite exacte :

$$1 \longrightarrow \mathrm{Quat}(K) \xrightarrow{i} \oplus \mathrm{Quat}(K_v) \xrightarrow{\varepsilon} \{\mp 1\} \longrightarrow 1$$

où i est l'application qui à une algèbre H associe l'ensemble de ses localisées, modulo isomorphisme, et ε est l'invariant de Hasse : on associe à (H_v) le produit des invariants de Hasse de H_v , i.e. -1 si le nombre de H_v qui sont des corps est impair, et 1 sinon.

Démonstration d'une partie de la classification grâce aux fonctions zêta. Si H est un corps, nous avons vu (th. 2.2) que $Z_H(s)$ a des pôles simples en 0 et 1 , et est holomorphe ailleurs. La formule exprimant Z_H en fonction de Z_K que nous rappelons (2.1) :

$$Z_H(s/2) = Z_K(s)\ Z_K(s-1)\ J_H(s)$$

où $J_H(s)$ a un zéro d'ordre $\mathrm{Ram}(H)$ au point $s=1$, montre que l'ordre de Z_H au point $s=\frac{1}{2}$ est d'ordre $-2 + \mathrm{Ram}(H)$. On en déduit le résultat fondamental :

Propriété I.

Caractérisation des algèbres de matrices : pour que $H = M(2,K)$, il faut et il suffit que $H_v = M(2,K_v)$ pour toute place v .

On en déduit (Lam [1], O'Meara [1]) :

COROLLAIRE 3.2 (Principe de Hasse-Minkowski pour les formes quadratiques). <u>Soit</u> q <u>une forme quadratique sur un corps global de caractéristique différente de</u> 2 . <u>Alors</u> q <u>est isotrope sur</u> K , <u>si et seulement si</u> q <u>est isotrope sur</u> K_v , <u>pour toute place</u> v .

Remarquons que dans les deux théorèmes, on pourrait remplacer par "pour toute place" par "pour toute place, sauf éventuellement une".

Nous allons expliquer comment le principe de Hasse-Minkowski se déduit du théorème de caractérisation des algèbres de matrices. Soit n le nombre de variables de la forme quadratique q .

$n=1$, il n'y a rien à montrer.

$n=2$, $q(x,y) = ax^2+by^2$, à équivalence près sur K , et le principe est équivalent au théorème des carrés : $a \in K^{\cdot 2} \Longleftrightarrow a \in K_v^{\cdot 2}$, $\forall v$. On peut en donner une démonstration avec les fonctions zêta. Si $L = K(\sqrt{a})$ est partout localement isomorphe à $K_v \oplus K_v$, ce qui arrive si $a \in K_v^{\cdot 2}$, alors $Z_L(s) = Z_K(s)^2$ a un pôle double en $s=1$, ce qui implique que L n'est pas un corps ! donc $a \in K^{\cdot 2}$.

$n=3$, $q(x,y,z) = ax^2+by^2+z^2$, à équivalence près sur K . En choisissant pour H l'algèbre de quaternions associée à (a,b) le principe est équivalent à la caractérisation des algèbres de matrices.

$n \geqslant 4$, on se ramène par récurrence aux cas précédents, cf. Lam [1], p. 170 .

Comme J_H et Z_K vérifient des équations fonctionnelles :

$$J_H(s) = (-1)^{|Ram(H)|} \prod_{p \in Ram_f(H)} Np^{1-s} \cdot J_H(2-s)$$

$$Z_K(s) = D_K^{s-\frac{1}{2}} Z_K(1-s) .$$

On obtient une équation fonctionnelle pour Z_H :

$$Z_H(s) = (D_H^4 N(d_H)^2)^{\frac{1}{2}-s} (-1)^{|Ram(H)|} Z_H(1-s)$$

qui, si on la compare à l'équation fonctionnelle (th. 2.2), obtenue directement quand H est un corps : $Z_H(s) = D_H^{\frac{1}{2}-s} Z_H(1-s)$, montre que $D_H = D_K^4 \cdot N(d_H)^2$, mais surtout :

Propriété II.
<u>Le nombre de places ramifiées dans une algèbre de quaternions est pair</u>.

En caractéristique différente de 2 , ce résultat est équivalent à la loi de réciprocité du symbole de Hilbert.

COROLLAIRE 3.3 (Loi de réciprocité du symbole de Hilbert). <u>Soit</u> K <u>un corps global, de caractéristique différente de</u> 2 . <u>Pour deux éléments</u> a , b <u>de</u> $K^{\cdot}$, <u>soit</u> $(a,b)_v$ <u>leur symbole de Hilbert sur</u> K_v . <u>On a la formule du produit</u> :

$$\prod_v (a,b)_v = 1$$

<u>où le produit est pris sur toutes les places</u> v <u>de</u> K .

Applications : 1) En choisissant $K=\mathbb{Q}$ et pour a,b deux nombres premiers impairs, on peut vérifier que l'on obtient la <u>loi de réciprocité quadratique</u>.

2) <u>Calcul du symbole</u> $(a,b)_2$. Le symbole de Hilbert de deux nombres rationnels a,b sur $\mathbb{Q}_p$ se calcule facilement avec la règle décrite p. 37. On calculera $(a,b)_2$ en utilisant la formule du produit : $(a,b)_2 = \prod_{v\neq 2} (a,b)_v$.

Avant de démontrer la propriété d'existence d'une algèbre de quaternions d'invariants de Hasse locaux donnés, tirons quelques conséquences des propriétés I et II. Les extensions L/K sont toutes supposées séparables.

COROLLAIRE 3.4 (Théorème des normes dans les extensions quadratiques). <u>Soient</u> L/K <u>une extension quadratique séparable, et</u> $\theta \in K^{\cdot}$. <u>Pour que</u> θ <u>soit une norme d'un élément de</u> L , <u>il faut et il suffit que</u> θ <u>soit une norme d'un élément de</u> $L_v = K_v \otimes L$, <u>pour toute place</u> v , <u>sauf éventuellement une</u>.

PREUVE : L'algèbre de quaternions $H=\{L,\theta\}$ est isomorphe à $M(2,K)$ si et seulement si $\theta \in n(L)$, d'après I.2.4. Il faut et il suffit que $H_v \simeq M(2,K_v)$ pour toute place v sauf éventuellement une, d'après les propriétés I, II. Comme $H_v \simeq \{L_v,\theta\}$, le corollaire est démontré.

COROLLAIRE 3.5 (Caractérisation des corps neutralisants). <u>Une extension de degré fini</u> L/K <u>neutralise une algèbre de quaternions</u> H <u>sur</u> K , <u>si et seulement si</u> L_w <u>neutralise</u> H_v <u>pour toute place</u> $w|v$ <u>de</u> L .

PREUVE : Pour que L neutralise H , il faut et il suffit que $L\otimes H \simeq M(2,L)$. D'après la propriété I , il faut et il suffit que pour toute place w de L , on ait $(L\otimes H)_w \simeq M(2,L_w)$. On utilise alors l'égalité $(L\otimes H)_w = L_w \otimes H_v$ si $v = w_{|K}$; le second produit tensoriel est pris sur K_v .

LEMME 3.6. <u>Soient</u> K <u>un corps local, et</u> $L = K(x)$ <u>une extension quadratique séparable de</u> K . <u>Soit</u> $f(X)$ <u>le polynôme minimal de</u> x <u>sur</u> K .

$$f(X) = (X-x)(X-\bar{x}) = X^2 - t(x)X + n(x) .$$

<u>Si</u> $a,b \in K$ <u>sont assez proches de</u> $t(x)$, $n(x)$ <u>alors le polynôme</u>

$$g(X) = X^2 - aX + b$$

<u>est irréductible sur</u> K <u>et a une racine dans</u> L .

PREUVE : Si $K = \mathbb{R}$, le discriminant $t(x)^2 - 4n(x)$ est strictement négatif, donc a^2-4b aussi, si a et b sont assez proches de $t(x)$ et $n(x)$. Si $K \neq \mathbb{R}$, soit $y \in K_s$ tel que $y^2 = ay+b$. Si $\|a\| < A$ et $\|b\| < A$, où A est une constante strictement positive, l'inégalité ultramétrique montre que $\|y\| < A$. On a $(y-x)(y-\bar{x}) = (t(x)-a)y + (n(x)-b)$, on peut rendre $\|(y-x)(y-\bar{x})\|$ aussi petit qu'on le veut, en choisissant a et b suffisamment proches de $t(x)$ et $n(x)$. Mais $x \neq \bar{x}$, car l'extension est séparable, et il est possible de choisir a et b tels que

$$\|y-x\| < \varepsilon \qquad \|y-\bar{x}\| > \varepsilon .$$

Il n'existe pas de K-automorphisme f tel que $f(x) = \bar{x}$, $f(y) = y$! Donc $K(y) \supset K(x)$, et comme $[K(y) : K] \leqslant 2$, $K(x) = K(y)$.

Ce lemme et le théorème d'approximation (th. 2.2) permettent d'obtenir le

LEMME 3.6. <u>Il existe une extension quadratique</u> L/K <u>séparable, telle que</u> L_v/K_v <u>soit égale à une extension quadratique séparable donnée, pour</u> v <u>appartenant à un ensemble fini de places</u>.

THEOREME 3.7. <u>Soient</u> L/K <u>une extension quadratique, et</u> n <u>la norme de</u> L/K <u>étendue aux idèles. On a</u> $[K_A^\cdot : K^\cdot n(L_A^\cdot)] = 2$.

PREUVE : Soit χ un caractère de $K_A^\cdot$ trivial sur $K^\cdot n(L_A^\cdot)$. Localement $\chi_v^2 = 1$, et $Z_v = K_A^\cdot \cap \{K^\cdot n(L_v^\cdot) \prod_{w \neq v} K_v^\cdot\}$ est fermé dans $K_A^\cdot$.

On en déduit que $\chi^2 = 1$ et que $K^\cdot n(L_A^\cdot)$ est fermé dans $K_A^\cdot$, car

$$\chi = \prod_{v \in V} \chi_v \quad , \quad \text{et} \quad K^\cdot n(L_A^\cdot) = \bigcap_{v \in V} Z_v .$$

On démontre ainsi l'inégalité $[K_A^\cdot : K^\cdot n(L_A^\cdot)] \leqslant 2$. On construit un élément i_v de $K_A^\cdot$ n'appartenant pas à $K^\cdot n(L_A^\cdot)$:

$$i_v = (x_w) \quad , \quad \text{avec} \quad x_w = \begin{cases} 1 & , \text{ si } w \neq v \\ u_v & , \text{ où } u_v \notin n(L_v^{\cdot}) \text{ si } w = v \end{cases}$$

pour toute place v de K telle que L_v soit un corps. Cet élément n'appartient pas à $n(L_A^{\cdot})$. S'il appartenait à $K^{\cdot}n(L_A^{\cdot})$, il existerait un élément $x \in K^{\cdot}$, tel que $x \notin n(L_v^{\cdot})$, $x \in n(L_w^{\cdot})$ $\forall w \neq v$. Ceci est en contradiction avec 3.4.

THEOREME 3.8 (Sous-corps commutatifs maximaux). <u>Pour qu'une extension quadratique</u> L/K <u>se plonge dans une algèbre de quaternions</u> H , <u>il faut et il suffit que</u> L_v <u>soit un corps, si</u> $v \in Ram(H)$. <u>Deux algèbres de quaternions ont toujours des sous-corps commutatifs maximaux communs (à isomorphisme près) et le groupe</u> $Quat(K)$ <u>est défini</u>.

PREUVE : Pour qu'une extension quadratique L/K soit contenue dans un corps de quaternions H/K , il est évidemment nécessaire que pour toute place v de K , l'algèbre L_v soit contenue dans H_v . Donc L_v doit être un corps si H_v est un corps. Si $v \in Ram(H)$, v ne se décompose donc pas dans L . Inversement, si cette condition est réalisée, on choisit un élément θ de l'ensemble

$$K^{\cdot} \cap \prod_{v \in Ram(H)} i_v \; n(L_A^{\cdot})$$

qui est non vide car $|Ram(H)|$ est pair d'après 3.7. Comme $\theta \in n(L_u^{\cdot})$ si $u \notin Ram(H)$ et $\theta \notin n(L_v^{\cdot})$ si $v \in Ram(H)$, l'algèbre de quaternions $\{L,\theta\}$ est isomorphe à H . Si H et H' sont deux algèbres de quaternions sur K , le lemme 3.6 permet de construire une extension L , telle que L_v soit un corps si $v \in Ram(H) \cup Ram(H')$. Les résultats précédents permettent de la plonger dans H et H' . Le groupe $Quat(K)$ est donc défini, voir I, p.9 .

La structure de groupe de $Quat(K)$ est donnée par la règle suivante : si H , H' sont deux algèbres de quaternions sur K , on définit HH' à isomorphisme près par :

$$H \otimes H' \simeq M(2,K) \oplus HH' \; .$$

On vérifie que

$$(HH')_v \simeq H_v H'_v \quad , \quad \varepsilon(HH')_v = \varepsilon(H_v)\,\varepsilon(H'_v) \; .$$

On en déduit que la ramification de HH' se déduit de celles de H , et H' par :

$$Ram(HH') = \{Ram(H) \cup Ram(H')\} - \{Ram(H) \cap Ram(H')\} \; .$$

Le théorème de classification résulte donc de la propriété d'existence :

Propriété III.

<u>Pour deux places</u> $v \neq w$ <u>de</u> K <u>il existe une algèbre de quaternions</u> H/K <u>telle que</u> $\mathrm{Ram}(H) = \{v,w\}$.

PREUVE : Si L/K est une extension quadratique séparable, telle que L_v , L_w soient des corps (3.6), et $\theta \in i_v i_w n(L_A^{\cdot}) \cap K^{\cdot}$ (définition, preuve de 3.7), alors $\mathrm{Ram}(\{L,\theta\}) = \{v,w\}$.

EXEMPLE : <u>Les algèbres de quaternions sur</u> $\mathbb{Q}$.

L'algèbre de quaternions sur $\mathbb{Q}$, notée $\{a,b\}$ engendrée par i , j vérifiant :

$$i^2 = a \ , \ j^2 = b \ , \ ij = -ji$$

est ramifiée à l'infini si et seulement si a et b sont tous les deux négatifs. Son discriminant réduit d est le produit d'un nombre <u>impair</u> de facteurs premiers si $a,b < 0$ et d'un nombre <u>pair</u> sinon. Par exemple,

$\{-1,-1\}$, $d=2$;
$\{-1,-3\}$, $d=3$; $\{-2,-5\}$, $d=5$; $\{-1,-7\}$, $d=7$;
$\{-1,-11\}$, $d=11$; $\{-2,-13\}$, $d=13$; $\{-3,-119\}$, $d=17$;
$\{-3,-10\}$, $d=30$.

Une méthode rapide pour obtenir des exemples est d'utiliser la parité afin d'éviter l'étude de $(a,b)_2$, de remarquer que si p est un nombre premier, $p \equiv -1 \pmod 4$, alors $\{-1,-p\}$ a pour discriminant p , enfin que pour $p \equiv 5 \pmod 8$, alors $\{-2,-p\}$ a pour discriminant p . Un peu d'entraînement permet de trouver facilement une algèbre de quaternions de discriminant donné, c'est-à-dire deux nombres entiers dont les symboles de Hilbert locaux sont donnés à l'avance. Par exemple,

$\{-1,3\}$, $d=6$; $\{3,5\}$, $d=15$; $\{-1,7\}$, $d=14$.

Si p est premier, $p \equiv -1 \pmod 4$, alors $\{-1,p\}$ est de discriminant $2p$; si $p \equiv 5 \pmod 8$, alors $\{-2,p\}$ est de discriminant $2p$.

4 THEOREME DES NORMES ET THEOREME D'APPROXIMATION FORTE

Le théorème des normes fut démontré en 1936-1937. Hasse et Schilling [1], Schilling [1], Maass [1], Eichler [3], [4] ont contribué à sa démonstration.

Son application aux ordres euclidiens, et à l'équation fonctionnelle des fonctions L fut faite par Eichler [5]. Le théorème d'approximation forte pour les groupes d'unités de norme réduite 1 des algèbres centrales simples sur des corps de nombres est dû à Kneser [1], [2], [3]. Pour les corps de fonctions, un article récent le démontre (Prasad [1]).

THEOREME 4.1 (Théorème des normes). <u>Soit</u> K_H <u>l'ensemble des éléments de</u> K <u>qui sont positifs aux places infinies réelles de</u> K <u>ramifiées dans</u> H . <u>Alors</u> $K_H = n(H)$.

PREUVE : La condition est naturelle, car $n(\mathbb{H}) = \mathbb{R}_+$. Inversement soit $x \in K_H^{\cdot}$; construisons une extension quadratique séparable L/K telle que :

- $x \in n(L)$
- pour toute place $v \in \mathrm{Ram}(H)$, L_v/K_v soit une extension quadratique.

Alors L est isomorphe à un sous-corps commutatif de H d'après 3.8, et $x \in n(H)$. Il reste à construire L . C'est un exercice utilisant le théorème d'approximation et le lemme sur les polynômes. Soit S un ensemble fini de places de K . Pour v fini, on a vu que H_v contient un élément de norme réduite π_v . Comme H est dense dans H_v , on voit que H contient un élément de norme réduite une uniformisante de K_v , et en multipliant x par $n(h)$ pour un élément convenable $h \in H$, on peut supposer que pour un ensemble fini S de places de K :

$$x \text{ est une unité pour } p \in S \cap P .$$

On choisit pour tout $v \in S$, une extension L_v telle que :

- $L_v = \mathbb{C}$ si v est réelle,
- L_v est l'extension quadratique non ramifiée de K_v si $v \in P \cap S$.

Pour tout $v \in S$, il existe $y_v \in L_v$ de norme x . Le polynôme minimal de y_v sur K_v s'écrit

$$p_v(x) = X^2 - a_v X + x .$$

On choisit $a \in K$ très proche de a_v si $v \in S$ (et même si on veut entier pour toutes les places de K , sauf éventuellement une place $w \notin S$) , de sorte que le polynôme

$$p(X) = X^2 - aX + x$$

soit irréductible et définisse une extension $K \subsetneq K(y) \simeq K[X]/(p(X)) \subset K_s$, telle que $K(y)_v = L_v$, si $v \in S$.
On applique cette construction à $S = \mathrm{Ram}(H)$ et on obtient le théorème des normes.
On obtient même une forme un peu plus forte :

COROLLAIRE 4.2. <u>Tout élément de</u> K_H , <u>entier sauf éventuellement en une place</u> $w \notin \mathrm{Ram}\, H$ <u>est norme réduite d'un élément de</u> H , <u>entier sauf éventuellement en</u> w .

Théorème d'approximation forte.

Soit S un ensemble non vide de places de K, contenant au moins une place infinie si K est un corps de nombres. Soit H^1 le groupe algébrique induit par les quaternions de norme réduite 1 d'une algèbre de quaternions H sur K. On pose pour un ensemble fini $S' \subset V$:

$$H^1_{S'} = \prod_{v \in S'} H^1_v .$$

On rappelle que H^1_v est compact, si et seulement si $v \in \mathrm{Ram}(H)$. Sinon, $H^1_v = SL(2, K_v)$.

THEOREME 4.3 (Approximation forte). Si H^1_S n'est pas compact, alors $H^1_K H^1_S$ est dense dans H^1_A.

Ce théorème a été démontré par Kneser [1], [2], [3] comme application du théorème des normes d'Eichler, si K est un corps de nombres et $S \supset \infty$. La condition est naturelle. Si H^1_S est compact, comme H^1_K est discret dans H^1_A, $H^1_S H^1_K$ est fermé, et certainement différent de H^1_A.

La condition introduite dans l'énoncé du théorème joue un rôle fondamental dans l'arithmétique des quaternions.

DEFINITION. Un ensemble fini non vide de places de K vérifie la condition d'Eichler pour H, notée C.E. s'il contient au moins une place de K non ramifiée dans H.

Démonstration du théorème 4.3. Soit $\overline{H^1_K H^1_S}$ la fermeture de $H^1_K H^1_S$ dans H^1_A. Elle est stable par multiplication. Il suffit donc de montrer que pour toute place $v \notin S$, pour tout élément

$$(1) \qquad a = (a_w) \quad \text{avec} \quad a_w = \begin{cases} a_v, & \text{entier sur } R_v, \text{ si } w = v \\ 1, & \text{si } w \neq v \end{cases}$$

pour tout voisinage U de a, on a $H^1_K H^1_S \cap U \neq \emptyset$. Pour cela, il est nécessaire que $t(H^1_K H^1_S) \cap t(U) \neq \emptyset$, où t est la trace réduite, étendue aux adèles (voir p.60). On a

$$(2) \qquad t(a) = t_w \quad \text{avec} \quad t_w = \begin{cases} t(a_v), & \text{si } w = v \\ 2, & \text{si } w \neq v \end{cases} .$$

Comme t est une application ouverte, il suffit de montrer que pour tout voisinage $W \subset K_A$ de $t(a)$, on a $t(H^1_K H^1_S) \cap W \neq \emptyset$. Il suffit de vérifier qu'il existe $t \in K$ satisfaisant aux conditions suivantes :

- le polynôme $p(X,t) = X^2-tX+1$ est irréductible sur K_v si $v \in Ram(H)$

(3) - t est proche de $t(a)$ dans K_A, c'est-à-dire t est proche de $t(a_v)$ dans K_v et proche de 2 dans K_w, pour un nombre fini de places $w \neq v$, $w \notin S$.

On peut vérifier ces conditions grâce à 3.6 et 1.4 . Deux éléments de même trace réduite et de même norme réduite sont conjugués (I.2.1), et $H_A^{\cdot} = H_K^{\cdot} H_S^{\cdot} D^{-1}$ où D est compact dans H_A d'après (3.4) donc $H_K^1 H_S^1 \cap \tilde{D}(U) \neq \emptyset$. On rappelle que si $x \in H^{\cdot}$, on a noté $\tilde{x}(y) = xyx^{-1}$, $y \in H^{\cdot}$, et si $Z \subset H^{\cdot}$, on a noté $\tilde{Z} = \{\tilde{z}, z \in Z\}$, voir p.26. Il existe donc $d \in D$ tel que $\tilde{d}(a) \in \overline{H_K^1 H_S^1}$. Soit (b) une suite d'éléments de $H_K^{\cdot}$ convergeant dans H_v vers la composante v-adique de d^{-1} . Alors $\widetilde{bd}(a) \in \overline{H_K^1 H_S^1}$ converge vers a : c'est vrai v-adiquement par construction, et si $w \neq v$, $a_w = 1$. On en déduit que $a \in \overline{H_K^1 H_S^1}$.

On trouvera en 5.8 et 5.9 des applications de ce théorème.

5 ORDRES ET IDEAUX

On fixe un ensemble <u>non vide</u> S de places de K, contenant les places infinies si K est un corps de nombres. Alors l'anneau

$$R = R_{(S)} = \{x \in K,\ x \in R_v \quad \forall v \notin S\}$$

est un anneau de Dedekind (Weil [1]).

EXEMPLE : Si $S = \infty$ et $K \supset \mathbb{Q}$, alors R est <u>l'anneau des entiers</u> de K. Si S est réduit à une place, et K est un corps de fonctions, alors $R \simeq \mathbb{F}_q[T]$.

Soit H/K une algèbre de quaternions sur K ; les réseaux, ordres, idéaux dans H seront relatifs à R (définitions I.4, p.19-20). On étudiera les ordres et les idéaux, grâce à leurs propriétés locales. Ce paragraphe contient 3 parties :

A - Propriétés générales des ordres et des idéaux,

B - Nombres de classes et types d'ordres,

C - Formules de traces pour les plongements maximaux.

On supposera fréquemment que S vérifie la <u>condition d'Eichler</u>, notée C.E., définie p.81, afin d'obtenir des résultats plus simples. Le cas où C.E. n'est pas vérifiée est traité au chapitre V.

A - Propriétés générales.

Soit Y un réseau de H. On note $Y_v = R_v \otimes_R Y$, si $v \in V$. Quand $v \in S$, on a $R_v = K_v$, et $Y_v = H_v$.

DEFINITION. Pour tout R-réseau complet Y de H, pour toute place $v \notin S$ de K, le R_v-réseau $Y_v = R_v \otimes_R Y$ s'appelle le <u>localisé</u> en v du réseau Y.

Comme $S \supset \infty$, les places n'appartenant pas à S sont finies. On les notera par la lettre p. Si (e) est une base de H/K, le réseau X engendré sur R par (e) est un réseau de H. Les réseaux seront toujours supposés complets. Les réseaux <u>globaux</u> dans H sont obtenus à partir des réseaux <u>locaux</u> dans H_v, $v \notin S$ de la façon décrite dans la

PROPOSITION 5.1. <u>Soit</u> X <u>un réseau de</u> H. <u>Il existe une bijection entre les réseaux</u> Y <u>de</u> H, <u>et l'ensemble des réseaux</u> $\{(Y_p), Y_p$ <u>réseau de</u> $H_p, Y_p = X_p$, p.p.$\}$ <u>donnée par les applications inverses l'une de l'autre</u> :

$$Y \to (Y_p)_{p \notin S} \quad \text{et} \quad (Y_p)_{p\notin S} \mapsto Y = \{x \in H, x \in Y_p, \forall p \notin S\} .$$

PREUVE : D'après la définition des réseaux (I.4, p.), étant donné un réseau Y, il existe $a,b \in K^\cdot$ tels que $aY \subset X \subset bY$. Pour presque toute place $v \notin \infty$, a_v, b_v sont des unités. Donc $X_p = Y_p$ p.p. Montrons que $V \to (V_p)_{p\notin S}$ est surjective. Si $(Z_p)_{p\notin S}$ est un ensemble de réseaux locaux, presque partout égaux à X_p, posons $Y = \bigcap_{p\notin S} (H \cap Z_p)$. On veut montrer que Y est un réseau, et que $Y_p = Z_p$. Il existe $a \in R$, tel $aX_p \subset Z_p \subset a^{-1}X_p$ pour tout $p \notin S$. On a $aX \subset Y \subset a^{-1}X$, donc Y est un réseau. Comme $S \neq \emptyset$, d'après 1.4, H est dense dans $\prod_{p\notin S} H_p$. On en déduit que $H \cap (\pi Z_p) = Y$ est dense dans πZ_p. En particulier Y est dense dans Z_p, donc $Y_p = Z_p$, si $p \notin S$. Montrons que $Y \to (Y_p)_{p\notin S}$ est injective. Soit $Z = \prod_{p\notin S} (Y_p \cap H)$. Montrons que $Y = Z$. On a certainement $Y \subset Z$, et il existe $a \in R$, tel que $aZ \subset Y \subset Z$. Soit $z \in Z$. Il existe $y \in Y$ très proche p-adiquement de z, pour toute place $p \notin S$, telle que a ne soit pas une unité dans R_p. En effet, on a $Y_p = Z_p$ si $p \notin S$, et on utilise le théorème d'approximation 1.4. Il existe donc $y \in Y$, tel que $y - z \in aZ$. On en déduit que $z \in Y$. La proposition est démontrée.

DEFINITION. Une propriété $*$ de réseau est appelée une <u>propriété locale</u> quand un réseau Y a la propriété $*$ si et seulement si Y_p a la propriété $*$ pour tout $p \notin S$.

<u>Exemples de propriétés locales</u> : Les propriétés pour un réseau d'être

(1) un ordre,

(2) un ordre maximal,

(3) un ordre d'Eichler, i.e. l'intersection de deux ordres maximaux,

(4) un idéal,

(5) un idéal entier,

(6) un idéal bilatère,

sont des propriétés locales. Ceci se déduit facilement de la proposition 5.1. On utilise que si I est un idéal, son ordre à gauche $\mathcal{O}_g(I)$, cf. I.4, p. 20, vérifie $\mathcal{O}_g(I)_p = \mathcal{O}_g(I_p)$ pour tout $p \notin S$.

DEFINITION. Le <u>niveau d'un ordre d'Eichler</u> $\mathcal{O}$ est l'idéal entier de R, noté N tel que N_p soit le niveau de $\mathcal{O}_p$, $\forall p \notin S$.

COROLLAIRE 5.2. <u>Soient</u> I <u>un idéal de</u> H , <u>et</u> $\mathcal{O}$ <u>un ordre de</u> H . <u>On note</u> $n(I)$ <u>la norme réduite de</u> I , <u>et</u> $d(\mathcal{O})$ <u>le discriminant réduit de</u> $\mathcal{O}$. <u>Alors, on a</u> :

$$n(I_p) = n(I)_p \quad \text{et} \quad d(\mathcal{O}_p) = d(\mathcal{O})_p \ .$$

PREUVE : Si (f) est un système fini de générateurs de I/R , par définition (p. 24), $n(I)$ est le R-idéal engendré par $(n(f))$. De plus (f) est aussi un système fini de générateurs de I_p/R_p . On en déduit que $n(I_p) = n(I)_p$. Par définition (p.25),

$$I^* = \{x \in H \ , \ t(xf) \in R \ , \ \forall f\} \ .$$

Avec la proposition 5.1, on déduit que $(I_p)^* = (I^*)_p$. En remplaçant I par $\mathcal{O}$, et en prenant la norme réduite, on voit que

$$d(\mathcal{O})_p = n(\mathcal{O}^{*-1})_p = [n(\mathcal{O}^*)^{-1}]_p = n(\mathcal{O}^*)_p^{-1} = n(\mathcal{O}_p^{*-1}) = d(\mathcal{O}_p) \ .$$

On déduit de II.1.7, et II.2.3, une caractérisation des ordres maximaux par leur discriminant réduit. C'est ce qui permet en pratique de construire un ordre maximal, ou de reconnaître si un ordre donné est maximal.

COROLLAIRE 5.3. <u>Pour qu'un ordre</u> $\mathcal{O}$ <u>soit un ordre maximal, il faut et il suffit que son discriminant réduit soit égal à</u>

$$d(\mathcal{O}) = \prod_{\substack{p \in Ram(H) \\ p \notin S}} p \ .$$

On pose $d(\mathcal{O}) = D$; le discriminant réduit d'un ordre d'Eichler de niveau N est égal à DN . Cependant, les ordres d'Eichler ne sont pas caractérisés par leur discriminant réduit, sauf si celui-ci est sans facteur carré. Comme $(D,N) = 1$, il est équivalent de dire que N est sans facteur carré. Voir l'exercice 5.3.

EXEMPLE : Soit H <u>le corps de quaternions sur</u> $\mathbb{Q}$ <u>de discriminant réduit</u> 26 , i.e. le corps engendré sur $\mathbb{Q}$ par i,j vérifiant

$$i^2 = 2 \ , \ j^2 = 13 \ , \ ij = -ji \ .$$

En effet, les symboles de Hilbert $(2,13)_v$ pour les valuations v de $\mathbb{Q}$ sont

$$(2,13)_\infty = 1$$

$$(2,13)_{13} = \left(\frac{2}{13}\right) = -1$$

$$(2,13)_p = 1 \quad , \quad \text{si} \quad p \neq 2,13$$

et la formule du produit $\prod (2,13)_v = 1$ donne $(2,13)_2 = 1$.
On vérifie que $\mathcal{O} = \mathbb{Z}[1 , i , (1+j)/2 , (i+ij)/2]$ est un ordre maximal. Il faut et il suffit de s'assurer que

(1) $\mathcal{O}$ est un anneau,

(2) les éléments de $\mathcal{O}$ sont entiers : la trace réduite et la norme réduite sont entiers,

(3) $\mathcal{O}$ est un $\mathbb{Z}$-réseau, $\mathbb{Q}(\mathcal{O}) = H$, cette dernière propriété est évidente,

(4) le discriminant réduit de $\mathcal{O}$ est égal à 26 .

<u>Table d'addition</u> : La trace de la somme deux entiers est entière, on vérifie sur la table que la norme reste entière.

	i	$(1+j)/2$	$(i+ij)/2$
i	$2i$ $(n = -8)$	$i + (1+j)/2$ $(n = -5)$	$i + (i+ij)/2$ $(n = 4)$
$(1+j)/2$	*	$1+j$ $(n = -12)$	$(1+i+j+ij)/2$ $(n = 3)$
$(i+ij)/2$	*	*	$i+ij$ $(n = 24)$

Table de multiplication : La norme du produit de deux entiers est entière, on vérifie sur la table que la trace réduite reste bien entière, et que le produit est stable dans $\mathcal{O}$.

gauche \ droite	i	(1+j)/2	(i+ij)/2
i	2	(i+ij)/2	1+j
(1+j)/2	(i-ij)/2 = i - (i+ij)/2	(7+j)/2 = 3 + (1+j)/2	-3i
(i+ij)/2	1-j = 2 - 2(1+j)/2	(7i+ij)/2 = 3i + (i+ij)/2	7

Donc $\mathcal{O}$ est un ordre. Il est maximal car le discriminant réduit $|\text{dét}\ t(e_i e_j)|^{1/2}$ de l'ordre $\mathbb{Z}[e_1,\ldots,e_4] = \mathbb{Z}[1,i,j,ij]$ est 13.8 donc le discriminant réduit de $\mathcal{O}$ déduit de l'ordre précédent par un changement de base de déterminant 1/4 est égal à $13.8/4 = 26$.
Voir d'autres exemples dans les exercices 5.1, 5.2, 5.6.

Propriétés des idéaux normaux.

Ce sont les idéaux dont les ordres à gauche et à droite sont maximaux. La correspondance locale-globale entre réseaux, et les propriétés vues au chapitre II montrent que ces idéaux sont localement principaux. On laisse en exercice le soin de vérifier les propriétés suivantes (utiliser les définitions du chapitre I, 8.5 et les propriétés des idéaux normaux des algèbres de quaternions sur des corps locaux vues au chapitre II, §1, 2) :

a) Un idéal à gauche d'un ordre maximal a un ordre à droite maximal.

b) Si l'ordre à droite de l'idéal I est égal à l'ordre à gauche de l'idéal J , alors le produit IJ est un idéal et $n(IJ) = n(I)\, n(J)$. Son ordre à gauche est égal à celui de I , et son ordre à droite à celui de J .

c) Les idéaux bilatères "commutent" avec les idéaux dans le sens suivant : $CI = IC'$, où C est un idéal bilatère de l'ordre à gauche de I et C' l'unique idéal bilatère de l'ordre à droite de I , tel que $n(C) = n(C')$.

d) Si I est un idéal entier de norme réduite AB , A et B idéaux entiers de R , on peut factoriser I en un produit de deux idéaux entiers de norme réduite A et B .

e) Les idéaux bilatères d'un ordre maximal $\mathcal{O}$ forment un groupe commutatif, engendré par les idéaux de R et les idéaux de norme réduite P ,

où P parcourt les idéaux premiers de R ramifiés dans H. On utilisera que le seul idéal bilatère d'un ordre maximal $\mathcal{O}_p$ de H_p de norme réduite R_p est $\mathcal{O}_p$.
Ces propriétés sont encore vraies pour les idéaux localement principaux des ordres d'Eichler de niveau N sans facteur carré.

B - Nombre de classes d'idéaux et types d'ordres.

Hélas, la propriété pour un idéal d'être principal n'est pas une propriété locale. C'est une des raisons pour laquelle il est souvent très utile de travailler adéliquement au lieu de globalement. Ceci signifie qu'il est souvent préférable de remplacer un réseau Y par l'ensemble $(Y_p)_{p\notin S}$ de ses localisés (5.1). On notera :

$$Y_A = \prod_{v\in V} Y_v \quad , \quad \text{avec } Y_v = H_v \quad \text{si} \quad v\in S .$$

Désormais les ordres considérés seront toujours des ordres d'Eichler, et les idéaux seront principaux localement. On fixe un ordre d'Eichler $\mathcal{O}$ de niveau N. On lui associe les objets adéliques suivants : $\mathcal{O}_A$, le groupe $\mathcal{O}_A^\cdot$ des unités de $\mathcal{O}_A$, et $N(\mathcal{O}_A)$ le normalisateur de $\mathcal{O}_A$ dans $H_A^\cdot$.

Dictionnaire global-adélique.

Idéaux : Les idéaux à gauche de $\mathcal{O}$ sont en bijection avec l'ensemble $\mathcal{O}_A^\cdot\backslash H_A^\cdot$; à $(x_v)\in H_A^\cdot$ est associé l'idéal I tel que $I_p = \mathcal{O}_p x_p$ si $p\notin S$.
Idéaux bilatères : En bijection avec $\mathcal{O}_A^\cdot\backslash N(\mathcal{O}_A)$.
Ordres d'Eichler de niveau N : En bijection avec $N(\mathcal{O}_A)\backslash H_A^\cdot$; à $(x_v)\in H_A^\cdot$ est associé l'ordre $\mathcal{O}'$ tel que $\mathcal{O}'_p = x_p^{-1}\mathcal{O}_p x_p$.
Classes d'idéaux : Les classes des idéaux à gauche de $\mathcal{O}$ sont en bijection avec $\mathcal{O}_A^\cdot\backslash H_A^\cdot/H_K^\cdot$. Les classes des idéaux bilatères avec $\mathcal{O}_A^\cdot\backslash N(\mathcal{O}_A)/(H_K^\cdot\cap N(\mathcal{O}_A))$, les types des ordres d'Eichler de niveau N avec $H_K^\cdot\backslash H_A^\cdot/N(\mathcal{O}_A)$.

THEOREME 5.4. Le nombre de classes des idéaux à gauche de $\mathcal{O}$ est fini.

PREUVE : D'après le théorème fondamental 1.4, on a $H_A^\cdot = H_K^\cdot H_v^\cdot C$, pour toute place v, infinie si K est un corps de nombres, et où C est un compact (dépendant de v). Comme $\mathcal{O}_A^\cdot$ est ouvert dans $H_A^\cdot$ par définition de la topologie, et $\mathcal{O}_A^\cdot\supset H_v^\cdot$, où v vérifie la condition ci-dessus, on en déduit que le nombre de classes d'idéaux est fini, en utilisant le dictionnaire global-adélique.

COROLLAIRE 5.5. <u>Le nombre de classes des idéaux bilatères est fini</u>. <u>Le nombre de types d'ordres d'Eichler de niveau</u> N <u>est fini</u>.

En effet, ces nombres sont inférieurs ou égaux au nombre de classes des idéaux à gauche de $\mathcal{O}$. Deux ordres d'Eichler de même niveau étant toujours liés par un idéal (dont l'ordre à gauche est un de ces ordres, et l'ordre à droite l'autre) puisque deux ordres d'Eichler de même niveau sont localement conjugués (ch.II), le nombre de classes des idéaux à gauche de $\mathcal{O}$ ne dépend pas du choix de $\mathcal{O}$, mais plus exactement de son niveau N . Par contre, le nombre de classes des idéaux bilatères de $\mathcal{O}$ peut dépendre du choix de $\mathcal{O}$, ou plus précisément du type de $\mathcal{O}$.

NOTATIONS. On note $h(D,N) = h(\mathrm{Ram}\ H,N)$ <u>le nombre de classes des idéaux à gauche de</u> $\mathcal{O}$, $t(D,N) = t(\mathrm{Ram}\ H,N)$ <u>le nombre de types des ordres d'Eichler de niveau</u> N , et pour $1 \leqslant i \leqslant t$, $h_i'(D,N)$ <u>le nombre de classes des idéaux bilatères d'un ordre du type de</u> $\mathcal{O}_i$, quand $\mathcal{O}_i$ parcourt un système de représentants des ordres d'Eichler de niveau N .

LEMME 5.6. On a $h(D,N) = \sum_{i=1}^{t} h_i'(D,N)$.

PREUVE : Les types d'ordres correspondent à la décomposition $H_A^\cdot = \bigcup_{i=1}^{t} N(\mathcal{O}_A)x_i H_K^\cdot$. Soit $\mathcal{O}_i$ l'ordre à droite de l'idéal $\mathcal{O}x_i$. On a $N(\mathcal{O}_{i,A}) = x_i^{-1}N(\mathcal{O}_A)x_i$ et $\mathcal{O}_{i,A}^\cdot = x_i^{-1}\mathcal{O}_{i,A}^\cdot x_i$. On en déduit que $N(\mathcal{O}_A)x_iH_K^\cdot = x_iN(\mathcal{O}_{i,A})H_K^\cdot$ et $\mathcal{O}_A^\cdot\backslash N(\mathcal{O}_A)x_iH_K^\cdot/H_K^\cdot = \mathcal{O}_{i,A}^\cdot\backslash N(\mathcal{O}_{i,A})/H_K \cap N(\mathcal{O}_{i,A}) = h_i'(D,N)$.

En particulier, si le nombre de classes des idéaux bilatères ne dépend pas du type choisi, et est noté $h'(D,N)$ on a la relation :

$$h(D,N) = t(D,N)\ h'(D,N) .$$

C'est le cas quand S vérifie la condition d'Eichler (p. 95) : c'est une application du théorème d'approximation forte (th. 4.1 et th. 4.3).

DEFINITION. Soient $K_H = n(H)$ et P_H le groupe des idéaux de R engendrés par les éléments de K_H . Deux idéaux I et J dans R sont <u>équivalents au sens restreint induit par</u> H si $IJ^{-1} \in P_H$. Comme H/K est fixé, on dira seulement "au sens restreint".

On note h le nombre de classes des idéaux de K , au sens restreint. On rappelle que $K_H = \{x \in K$, x positif aux places réelles ramifiées dans $H\}$. Donc h ne dépend que de K et des places réelles de $\mathrm{Ram}_\infty(H)$.

THEOREME 5.7 (Eichler, [3], [4]). Si S vérifie C.E., un idéal à gauche d'un ordre d'Eichler est principal si et seulement si sa norme réduite appartient à P_H .

COROLLAIRE 5.7 bis. Si S vérifie C.E., alors

(1) Le nombre de classes $h(D,N)$ des idéaux à gauche d'un ordre d'Eichler de niveau N dans une algèbre de quaternions H/K de discriminant réduit D est égal à h .

(2) Le nombre de types des ordres d'Eichler de niveau N dans H est égal à $t(D,N) = h/h'(D,N)$, où $h'(D,N)$ est le nombre de classes des idéaux bilatères d'un ordre d'Eichler de niveau N .

(3) $h'(D,N)$ est égal au nombre de classes au sens restreint des idéaux appartenant au groupe engendré par les carrés des idéaux de R , les idéaux premiers divisant D et les idéaux premiers I tels que $I^m \| N$ avec une puissance m impaire.

PREUVE : La norme réduite induit une application :

$$\mathcal{O}_A^{\bullet}\backslash H_A^{\bullet}/H_K \xrightarrow[\sim]{n} R_A^{\bullet}\backslash K_A^{\bullet}/K_H$$

surjective, car $n(H_v^{\bullet}) = K_v^{\bullet}$, si $v \notin \mathrm{Ram}_\infty H$, et si $v \in \mathrm{Ram}_\infty H$, $R_A^{\bullet} \supset K_v^{\bullet}$, injective, car $H_A^1 \subset \mathcal{O}_A^{\bullet} H_K^{\bullet}$ d'après le théorème 4.3 d'approximation pour H^1 et $n(\mathcal{O}_p^{\bullet}) = R_p^{\bullet}$, si $p \notin S$. On en déduit le théorème et la partie (1) du corollaire.

On a :

$$n(N(\mathcal{O}_p)) = \begin{cases} K_p^{\bullet} , & \text{si } p|D \text{ ou si } p^m \| N \text{ , avec } m \text{ impair} \\ K_p^{\bullet 2} R_p^{\bullet}, & \text{sinon.} \end{cases}$$

On en déduit que le groupe des normes réduites des idéaux bilatères d'un ordre d'Eichler de niveau N est engendré par les carrés des idéaux de R et les idéaux premiers I divisant D , ou tels que $I^m \| N$ avec une puissance m impaire. Le nombre de classes des idéaux bilatères de $\mathcal{O}$ est égal au nombre de classes au sens restreint des normes des idéaux bilatères. Il est donc indépendant du choix de $\mathcal{O}$ (parmi les ordres de même niveau). Le nombre de types d'ordres de niveau donné est donc égal au quotient du nombre de classes des idéaux (ce nombre est indépendant du niveau) par le nombre de classes des idéaux bilatères d'un ordre de ce niveau.

EXERCICES : 5.5, 5.6, 5.7, 5.8.

On considère un ordre d'Eichler $\mathcal{O}$, un élément $x \in \mathcal{O}$, un idéal bilatère entier I de $\mathcal{O}$, tel que x soit premier à I , c'est-à-dire $n(x)$ premier à $n(I)$. Nous allons donner une généralisation du théorème des progressions arithmétiques d'Eichler :

PROPOSITION 5.8. <u>La norme réduite de l'ensemble</u> $x+I$ <u>est égale à l'ensemble</u> $K_H \cap \{n(x)+J\}$ <u>où</u> $J = I \cap R$, <u>si</u> S <u>vérifie C.E.</u>

PREUVE : On vérifie facilement que c'est vrai localement. Si $x=1$, on utilise :

a) la relation triviale $n\begin{pmatrix} 1+\pi^n x & 0 \\ 0 & 1 \end{pmatrix} = 1+\pi^n x$

b) si H_p/K_p est un corps, alors $H_p \simeq \{L_{nr},u\}$ d'après II, 1.7, et l'on a le résultat bien connu (Serre [1]) que les unités de L_{nr} congrues à 1 modulo p^n s'envoient surjectivement sur les unités de K_p congrues à 1 modulo p^n .

Si $x \neq 1$, x est une unité dans $\mathcal{O}_p$, pour toute place p telle que $I_p \neq \mathcal{O}_p$, et l'on se ramène au cas précédent. Si $I_p = \mathcal{O}_p$ on utilise que $n(\mathcal{O}_p) = I_p$. On déduit le résultat global du résultat local grâce à 4.1 et 4.3. On choisit pour $y \in K_H \cap \{n(x)+J\}$,

- $z \in H$, $n(z) = y$, entier sauf peut-être en $w \in S$,
- $h_v \in \mathcal{O}_v$, $n(h_v) = y$, $\forall v \in V$ et $h_p \in x+I_p$ si $p \notin S$.

Il existe $u \in H_K^1$, très proche de $z^{-1}h_v \in H_v^1$, sauf peut-être en une place $w \in S$. L'élément zu , de norme réduite y , peut être choisi tel que $zu \in \mathcal{O}$ et $zu \in x+I$.

COROLLAIRE 5.9. <u>Pour tout ordre d'Eichler</u> $\mathcal{O}$, <u>on a</u> $n(\mathcal{O}) = K_H \cap R$.

Cette proposition permet de décider si un ordre maximal est <u>euclidien</u>. La non-commutativité oblige à distinguer la notion d'ordre euclidien à droite et à gauche.

DEFINITION. Un ordre $\mathcal{O}$ est <u>euclidien à droite</u> si pour tout $a,b \in \mathcal{O}$, il existe $c,d \in \mathcal{O}$ avec

$$a = bc+d \quad , \quad d=0 \quad \text{ou} \quad Nn(d) < Nn(b)$$

où N est la norme définie par $N(x) = \mathrm{Card}(R/Rx)$ si $x \in R$. On définit de façon naturelle les ordres euclidiens à gauche.

DEFINITION. On dit que R est <u>euclidien modulo</u> W , où W est un ensemble de places réelles de K si pour tout $a,b \in R$, il existe $c,d \in R$ avec

$a = bc+d$, $d=0$ ou $Nd < Nb$ et d positif aux places $w \in W$.

THEOREME 5.10. <u>Si</u> R <u>est euclidien modulo</u> $Ram_\infty H$, <u>tout</u> R-<u>ordre</u> <u>maximal</u> <u>de</u> H <u>est euclidien à gauche et à droite</u>, <u>quand</u> S <u>vérifie C.E.</u>

PREUVE : Soit a,b appartenant à un ordre $\mathcal{O}$ de H . Il existe $x,y \in R$ tels que

$$n(a) = n(b)x+y \quad \text{avec} \quad y=0 \quad \text{ou} \quad N(y) < Nn(b) \quad \text{et} \quad y \in K_H .$$

Si $n(a),n(b)$ sont premiers entre eux, $y \neq 0$, et d'après 5.9, il existe $d \in \mathcal{O}$ tel que

$$a \in I+d \quad \text{avec} \quad n(d) = y \ , \ I \cap R = Rn(b)$$

où I est un idéal bilatère de $\mathcal{O}$. On vérifie facilement que $I \supset b\mathcal{O}$ d'où l'on déduit qu'il existe $c,d \in \mathcal{O}$ avec :

$$a = bc+d \ , \quad Nn(d) < Nn(b) .$$

Pour se ramener à $n(a)n(b)$ premiers entre eux, on suppose que $\mathcal{O}$ est un ordre maximal. On commence par remarquer que l'on peut supposer que a,b n'ont pas de diviseurs communs à gauche, si l'on s'intéresse à l'euclidienneté à droite. Les R-ordres maximaux sont principaux si R est euclidien modulo $Ram_\infty H$. On peut supposer aussi que les diviseurs irréductibles $P = \mathcal{O}x$ à gauche de l'idéal $\mathcal{O}a$ sont distincts de ceux de l'idéal $\mathcal{O}b$. Nous allons en déduire qu'il existe un élément $x \in \mathcal{O}$, tel que $n(b)$ et $n(a-bx)$ sont premiers entre eux, et le théorème sera démontré. Soit P un diviseur irréductible de $\mathcal{O}n(b)$ dans $\mathcal{O}$. Si $b \in P$ alors $a \notin P$ et pour tout $x \in \mathcal{O}$, $a-bx \notin P$. Si $b \notin P$, alors $a-bx \in P$ et $a-bx' \in P$ impliquent $b(x-x') \in P$, donc $x-x' \in P$. Il existe donc une infinité de $x \in \mathcal{O}$ tels que $a-bx \notin P$. Le nombre de diviseurs irréductibles de $\mathcal{O}n(b)$ étant fini, nous pouvons trouver x avec la propriété $a-bx \notin P$, $\forall P | \mathcal{O}n(b)$. Donc $n(b)$ et $n(a-bx)$ sont premiers entre eux.

REMARQUE (B. Beck). <u>Les</u> R-<u>ordres</u> <u>non maximaux ne sont jamais euclidiens pour la norme</u>, <u>si</u> K <u>est un corps de nombres</u>.

PREUVE : Si $\mathcal{O}' \subsetneq \mathcal{O}$ est un R-ordre non maximal, il existe $x \in \mathcal{O}$ mais $x \notin \mathcal{O}'$, et pour tout $c \in \mathcal{O}'$, $Nn(x-c) \geq 1$. Si $x = b^{-1}a$, où $a,b \in \mathcal{O}'$, la division de a par b dans $\mathcal{O}'$ est impossible. Dans ce contre-exemple, $n(b)$ et $n(a)$ ne peuvent pas être rendus premiers entre eux.

C - Formules de traces pour les plongements maximaux.

Soit X un ensemble fini de places de K, non vide, contenant les places infinies si K est un corps de nombres. Soient L/K une algèbre quadratique et séparable sur K, et B un R-ordre de L. Soient $\mathcal{O}$ un ordre d'Eichler sur R, de niveau N dans H, et DN le discriminant de $\mathcal{O}$ (D est le produit des places, identifiées à des idéaux de R, ramifiées dans H et n'appartenant pas à S).

Pour chaque $p \notin S$, on se donne un groupe G_p tel que $\mathcal{O}_p^{\cdot} \subset G_p \subset N(\mathcal{O}_p)$. Pour $v \in S$, on pose $G_v = H_v^{\cdot}$. Le groupe $G_A = \prod_{v \in V} G_v$ est un sous-groupe de $H_A^{\cdot}$. On note $G = G_A \cap H^{\cdot}$.

On se propose de compter les plongements de L dans H, maximaux par rapport à $\mathcal{O}/B$ modulo les automorphismes intérieurs induits par G, cf. I.5 p. 26 et II.3 p.43-47. On obtient par un raisonnement adélique une "formule de trace" qui se simplifie si S vérifie la condition d'Eichler.

THEOREME 5.11 (Formule de traces). <u>Soit</u> $m_p = m_p(D,N,B,\mathcal{O}^{\cdot})$ <u>le nombre de plongements maximaux de</u> B_p <u>dans</u> $\mathcal{O}_p$ <u>modulo</u> $\mathcal{O}_p^{\cdot}$, <u>pour</u> $p \notin S$. <u>Soient</u> (I_i) $1 \leqslant i \leqslant h$ <u>un système de représentants des classes des idéaux à gauche de</u> $\mathcal{O}$, $\mathcal{O}^{(i)}$ <u>l'ordre à droite de</u> I_i, <u>et</u> $m_{\mathcal{O}^{\cdot}}^{(i)}$ <u>le nombre de plongements maximaux de</u> B <u>dans</u> $\mathcal{O}^{(i)}$ <u>modulo</u> $\mathcal{O}^{(i)\cdot}$. <u>On a</u> :

$$\sum_{i=1}^{h} m_{\mathcal{O}^{\cdot}}^{(i)} = h(B) \prod_{p \notin S} m_p$$

<u>où</u> $h(B)$ <u>est égal au nombre de classes des idéaux de</u> B.

PREUVE : Si $\prod m_p = 0$, la formule est triviale, aussi nous supposerons qu'il n'est pas nul. On peut alors plonger L dans H de sorte que pour toute place finie $p \notin S$ de K, on ait $L_p \cap \mathcal{O}_p = B_p$; on identifie L à son image par un plongement donné. Considérons alors l'ensemble des adèles $T_A = \{x = (x_v) \in H_A^{\cdot}$, tels que pour toute place finie $p \notin S$ de K, on ait $x_p L_p x_p^{-1} \cap \mathcal{O}_p = x_p B_p x_p^{-1}\}$ qui décrit l'ensemble des plongements locaux de L_p dans H_p, maximaux par rapport à $\mathcal{O}_p/B_p$. La formule des traces résulte de l'évaluation par deux méthodes différentes du nombre $\mathrm{card}(G_A \backslash T_A / L^{\cdot})$.

(1) $\mathrm{card}(G_A \backslash T_A/L^{\cdot}) = \mathrm{card}(B_A' \backslash L_A/L^{\cdot})\ \mathrm{card}(G_A \backslash T_A/L_A^{\cdot})$ où $B_A' = B_A \cap G_A$.

Remarquons d'abord que $\mathrm{card}(G_A \backslash T_A/L_A^{\cdot})$ est égal au produit des nombres

m_p de plongements maximaux de B_p dans $\mathcal{O}_p$ modulo G_p, et comme ces nombres sont finis et presque toujours égaux à 1 , cf. ch. II §3, est un nombre fini. Soit X un système de représentants de ces doubles classes. La relation d'équivalence :

$$g_A t_A l_A l = t'_A l'_A \ , \quad t_A, t'_A \in X \ , \quad l_A, l'_A \in L_A \ , \quad l \in L^{\cdot} \ , \quad g_A \in G_A$$

est équivalente à

$$t_A = t'_A \quad \text{et} \quad l'_A = g'_A l_A l \ , \quad g'_A \in t_A^{-1} G_A t_A \cap L_A = B'_A \ , \text{ d'où (1) .}$$

La seconde évaluation utilise la réunion disjointe :

$$H_A^{\cdot} = \bigcup_{i=1}^{t} N(\mathcal{O}_A)\ x_i\ H_K^{\cdot}$$

et des objets adéliques $\mathcal{O}_A^{(i)} = x_i^{-1}\ \mathcal{O}_A\ x_i$, $G_A^{(i)} = x_i^{-1}\ G_A\ x_i$ correspondant globalement à un système de représentants des types d'ordres d'Eichler de niveau N , $\mathcal{O}^{(i)} = H \cap \mathcal{O}_A^{(i)}$ et aux groupes $G^{(i)} = H \cap G_A^{(i)}$. Nous allons démontrer que :

(2) $\displaystyle \text{card}(G_A \backslash T_A / L^{\cdot}) = \sum_{i=1}^{t} \text{card}(G_A^{(i)} \backslash N(\mathcal{O}_A^{(i)}) / H^{(i)})\ \text{card}(G^{(i)} \backslash T^{(i)} / L^{\cdot})$

où $H^{(i)} = N(\mathcal{O}_A^{(i)}) \cap H^{\cdot}$, $T^{(i)} = T_A \cap \mathcal{O}^{(i)}$. Remarquons que $\text{card}(G^{(i)} \backslash T^{(i)} / L^{\cdot})$ est le nombre de plongements maximaux de B dans $\mathcal{O}^{(i)}$ modulo $G^{(i)}$. On a la réunion disjointe

$$T_A = \bigcup_{i=1}^{t} N(\mathcal{O}_A)\ x_i\ T_i \ .$$

Comme $G_A \subset N(\mathcal{O}_A)$ et $L^{\cdot} \subset T_i$, on a

$$G_A \backslash T_A / L^{\cdot} = \bigcup_{i=1}^{t} G_A \backslash N(\mathcal{O}_A)\ x_i\ T_i / L^{\cdot} \qquad \text{(réunion disjointe)}$$

D'autre part, $\text{card}(G_A \backslash N(\mathcal{O}_A)\ x_i\ T_i / L^{\cdot}) = \text{card}(G_A^{(i)} \backslash N(\mathcal{O}_A^{(i)}) T_i / L^{\cdot}) =$ $\text{card}(G_A^{(i)} \backslash N(\mathcal{O}_A^{(i)}) / H^{(i)})\ \text{card}(G^{(i)} \backslash T_i / L^{\cdot})$.

Notons $H_G'^{(i)} = \text{card}(G_A^{(i)} \backslash N(\mathcal{O}_A^{(i)}) / H_i$ et $h_G(B) = \text{card}(B'_A \backslash L_A / L^{\cdot})$. Quand $G = \mathcal{O}^{\cdot}$ ces nombres sont respectivement le nombre de classes des idéaux bilatères de $\mathcal{O}^{(i)}$ et le nombre de classes des idéaux de B . Les expressions (1) et (2) fournissent le

THEOREME 5.11 bis. <u>Soit</u> $m_p = m_p(D,N,B,G)$ <u>le nombre de plongements maximaux de</u> B_p <u>dans</u> $\mathcal{O}_p$ <u>modulo</u> G_p , <u>si</u> $p \notin S$. <u>Soient</u> $\mathcal{O}^{(i)}$, $1 \leqslant i \leqslant t$ <u>un système de représentants des types des ordres d'Eichler de niveau</u> N , <u>et</u> $m_G^{(i)}$ <u>le nombre de plongements maximaux de</u> B <u>dans</u> $\mathcal{O}^{(i)}$ <u>modulo</u> G_i . <u>On a avec les définitions précédentes</u> :

$$\sum_{i=1}^{t} H_G'^{(i)} m_G^{(i)} = h_G(B) \prod_{p \notin S} m_p .$$

On en déduit le théorème 1.

Les définitions locales (II.3 p. 43) des symboles d'Artin et d'Eichler, ont des versions globales :

DEFINITION. Soit L/K une extension quadratique séparable. Si p est un idéal premier de K, on définit le symbole d'Artin $(\frac{L}{p})$ par :

$$(\frac{L}{p}) = \begin{cases} 1 & \text{si } p \text{ se décompose dans } L \ (L_p \text{ n'est pas un corps}) \\ -1 & \text{si } p \text{ est inerte dans } L \ (L_p/K_p \text{ est une extension non ramifiée}) \\ 0 & \text{si } p \text{ est ramifié dans } L \ (L_p/K_p \text{ est une extension ramifiée}) \end{cases}$$

DEFINITION. Soit B un R-ordre d'une extension quadratique séparable L/K. On définit le symbole d'Eichler $(\frac{B}{p})$ égal au symbole d'Artin si $p \in S$, ou si B_p est un ordre maximal, et égal à 1 sinon. Le conducteur $f(B)$ de B est l'idéal entier $f(B)$ de R vérifiant $f(B)_p = f(B_p)$, $\forall p \notin S$.

Avec ces définitions, les théorèmes II.3.1 et II.3.2 montrent que si le niveau N de l'ordre d'Eichler $\mathcal{O}$ est sans facteurs carrés,

$$\prod_{p \notin S} m_p(D,N,B,\mathcal{O}^{\bullet}) = \prod_{p \mid D} (1-(\frac{B}{p})) \prod_{p \mid N} (1+(\frac{B}{p}))$$

et selon que ce nombre est nul ou non, on a :

$$\prod_{p \notin S} m_p(D,N,B,N(\mathcal{O}^{\bullet})) = 0 \quad \text{ou} \quad 1 .$$

On en déduit le

COROLLAIRE 5.12. *Si $\mathcal{O}$ est un ordre d'Eichler de niveau N sans facteurs carrés,*

$$\sum_{i=1}^{h} m_{\mathcal{O}^{\bullet}}^{(i)} = h(B) \prod_{p \mid D} (1-(\frac{B}{p})) \prod_{p \mid N} (1+(\frac{B}{p}))$$

et

$$\sum_{i=1}^{h} m_{N(\mathcal{O})}^{(i)} = 0 \quad \text{ou} \quad h'(B)$$

selon que le nombre précédent est nul ou non, où $h'(B)$ est le quotient de $h(B)$ par le nombre de classes du groupe des idéaux de B engendré par :

- les idéaux de R ,

- les idéaux premiers de B au-dessus d'un idéal de R ramifié dans H et dans B .

On calculera en pratique $h(B)$ par la formule de Dedekind [1], quand K est un corps de nombres et $S = \infty$:

$$h(B) = h(L)\ N[f(B)] \prod_{p \mid f(B)} (1-(\frac{L}{p})Np^{-1}) . [B_L^{\bullet}:B^{\bullet}]^{-1}$$

où $h(L)$ est le nombre de classes d'un R-ordre maximal B_L de L , et N la norme de K sur $\mathbb{Q}$. Par définition, si I est un idéal entier de R ,

$$N(I) = \mathrm{Card}(R/I) .$$

Il est utile d'étendre la formule des traces (th. 5.11, 5.11bis) à tous les groupes G contenus dans le normalisateur de $\mathcal{O}$, et contenant le noyau $\mathcal{O}^1$ de la norme réduite dans $\mathcal{O}$.

COROLLAIRE 5.13. Avec les notations du th. 5.11 et 5.11bis, si G est un groupe tel que $\mathcal{O}^1 \subset G \subset N(\mathcal{O})$, le nombre de plongements maximaux de B dans $\mathcal{O}$ modulo G vérifie :

$$m_G = m_{\mathcal{O}} . [n(\mathcal{O}^{\bullet}) : n(G)\ n(B^{\bullet})]$$

l'indice écrit est fini d'après le théorème de Dirichlet sur les unités, cf. ch. V. En effet, il suffit d'écrire $m_G = \mathrm{card}(G \backslash T/L^{\bullet})$ et de remarquer que quelque soit le plongement f de L dans H maximal par rapport à $\mathcal{O}/B$, on a $\mathrm{card}(G\backslash \mathcal{O}^{\bullet} f(L^{\bullet})/f(L^{\bullet})) = \mathrm{card}(G\backslash \mathcal{O}^{\bullet}/f(B^{\bullet})) = [n(\mathcal{O}^{\bullet}) : n(G)\ n(B^{\bullet})]$. On en déduit que $\mathrm{card}(G\backslash \mathcal{O}^{\bullet} t\, L^{\bullet}/L^{\bullet}) = \mathrm{card}(G\backslash \mathcal{O}^{\bullet}/\tilde{t}(L^{\bullet}))$, où $\tilde{t}$ est l'automorphisme intérieur associé à t , est indépendant de $t \in T$.

La formule des traces permet de compter des nombres de classes de conjugaison modulo G (définition I.4, p. 27), c'est à cela qu'elle est destinée : elle permet de donner une forme explicite à la formule de traces de Selberg, et à ses cas particuliers (trace des opérateurs de Hecke, fonction zêta de Selberg) quand les groupes proviennent d'algèbres de quaternions.

DEFINITION. Une classe de conjugaison de $H^{\bullet}$ est séparable si ses éléments sont les racines dans $H^{\bullet}$ d'un polynôme X^2-tX+n irréductible séparable sur K . On appelle respectivement t,n la trace réduite et la norme réduite de cette classe, et X^2-tX+n son polynôme caractéristique.

On rappelle (I.4, p.27) que la classe de conjugaison modulo G de $h \in H^{\bullet}$ est

$$C_G(h) = \{ghg^{-1}, g \in G\}$$

COROLLAIRE 5.14. Soit X^2-tX+n un polynôme irréductible séparable sur K, ayant une racine $h \in H^{\bullet}$. Soit G un groupe tel que $\mathfrak{O}^1 \subset G \subset N(\mathfrak{O})$. Le nombre de classes de conjugaison dans $\mathfrak{O}$ modulo G, de polynôme caractéristique X^2-tX+n est égal à

$$\sum_B m_G(B)$$

où B parcourt les ordres de K(h) contenant h, et $m_G(B)$ est défini comme dans 5.13 et 5.11.

EXEMPLE : Calcul du nombre de classes de conjugaison de $SL_2(\mathbb{Z})$ de trace réduite $t \neq \mp 2$. On obtient

$$(2) \quad \sum_B h(B) .$$

Si $x \in \mathbb{Q}_s$ est une racine du polynôme X^2-tX+1, alors B parcourt les ordres de $\mathbb{Q}(x)$ contenant x, et on pose

$$(2) = \begin{cases} 1, & \text{si } \mathbb{Q}(x) \text{ contient une unité de norme } -1 \\ 2, & \text{sinon.} \end{cases}$$

Si $t = 0, \mp 1$, on trouve 2 classes de conjugaison de trace réduite t.

Quand S vérifie la condition d'Eichler (définition §4, p.81), notée C.E., le membre de gauche de la formule des traces se simplifie. On obtient alors le

THEOREME 5.15. Si S vérifie C.E., avec les notations des théorèmes 5.11, 5.11 bis, le nombre de plongements maximaux de B dans $\mathfrak{O}$ modulo G est égal à dm pour 1/d des types d'ordres d'Eichler de niveau N et est égal à 0 pour les autres, avec

$$m = h_G(B)/h \prod_{p \notin S} m_p$$

$$d = [K_A^{\bullet} : R_A^{\bullet}\, n(T_A)]$$

où h est le nombre de classes des idéaux de R au sens restreint induit par H.

PREUVE : Le théorème 4.3 d'approximation pour H^1, et le fait que S vérifie la condition d'Eichler (donc $G_A \supset H_v^{\bullet}$, $v \notin \text{Ram } H$) entraînent que

1) $H'^{(i)}$ est indépendant de $\mathcal{O}^{(i)}$, il est égal au nombre de classes des idéaux bilatères d'un ordre d'Eichler de niveau N .

2) Si $T_A \neq \emptyset$, le nombre de types des ordres d'Eichler de niveau N dans lesquels B se plonge maximalement est égal à $1/[K_A^{\cdot} : R_A^{\cdot}\, n(T_A)]$ fois le nombre total de types. En effet, si B se plonge maximalement dans un de ces ordres $\mathcal{O}$, les autres ordres dans lesquels B se plonge maximalement sont les ordres à droite des idéaux I , avec $I_p = \mathcal{O}_p x_p$ si $p \notin S$, où $(x_p) \in T_A \cap \prod_{p \notin S} H_p^{\cdot}$. On utilise alors les théorèmes 5.7, 5.8 de classes d'idéaux quand la condition d'Eichler est vérifiée.

3) Le nombre de plongements maximaux de B dans $\mathcal{O}$ modulo G , s'il n'est pas nul, est indépendant du choix de l'ordre d'Eichler $\mathcal{O}$ de niveau N . En effet, l'application naturelle : $G\backslash T/L^{\cdot} \to G_A\backslash T_A'/L^{\cdot}$ est une bijection, si $T_A' = \{x \in T_A , n(x) \in K'\}$. Elle est évidemment injective, et elle est surjective car $T_A' \subset G_A(H \cap T_A) \subset G_A T$.

Les propriétés 1), 2), 3) démontrent le théorème.

Pour que le théorème 5.14 soit appliquable, il est utile de savoir quand le nombre d qui intervient est égal à 1 . Dans ce cas, tous les ordres d'Eichler de niveau donné ont le même rôle.

PROPOSITION 5.16. Supposons que S vérifie C.E. Avec les notations du théorème précédent, le nombre de plongements maximaux de B modulo G dans un ordre d'Eichler de niveau N est indépendant du choix de cet ordre, et égal à m , si $H \neq M(2,K)$ ou s'il existe une place telle que :

1) v est ramifiée dans L

ou

2) $v \in S$, v non décomposée dans L .

PREUVE : Comme $T_A \supset L_A^{\cdot}\, N(\mathcal{O}_A)$, on majore d par $d' = [K_A^{\cdot} : K^{\cdot}\, n(L_A^{\cdot})\, R_A^{\cdot}\, n(N(\mathcal{O}_A))]$ et l'on utilise le théorème 3.7. S'il existe une place v telle que $K_v^{\cdot} \neq n(L_v^{\cdot})$, ou ce qui revient au même v n'est pas décomposée dans L , et telle que $K_v^{\cdot}$ soit contenu dans le groupe $K^{\cdot}\, n(L_A^{\cdot})\, R_A^{\cdot}\, n(N(\mathcal{O}_A))$, l'indice d' est 1 . Comme $K_v^{\cdot} \subset R_A^{\cdot}$ si $v \in S$, la condition 2) est immédiate, pour tout H . Elle est automatiquement vérifiée s'il existe une place infinie ramifiée dans H . Si p est une place finie ramifiée dans L , alors $K_v^{\cdot} = R_v^{\cdot}\, n(L_v^{\cdot})$ et $d' = 1$. Si p est une place finie ramifiée dans H , alors $K_v^{\cdot} = n(N(\mathcal{O}_v))$ et $d' = 1$.

Le nombre d'extensions quadratiques L/K non ramifiées étant fini, on peut dire qu'en général les nombres de plongements maximaux de B dans $\mathcal{O}$ ne dépendent de $\mathcal{O}$ que par l'intermédiaire de son niveau. Donc, en général, le nombre de classes de conjugaison dans $\mathcal{O}$ modulo G, de polynôme caractéristique donné, ne dépend de $\mathcal{O}$ que par son niveau, si S vérifie C.E.

COROLLAIRE 5.17. <u>Supposons que</u> S <u>vérifie C.E. Avec les notations de</u> 5.12 <u>si</u> $K(h)/K$ <u>vérifie les conditions de</u> 5.16 <u>et si</u> N <u>est sans facteurs carrés</u>, <u>alors</u>

$$\sum_{h \in B} \frac{h(B)}{h} \prod_{p \mid D} \left(1-\left(\frac{B}{p}\right)\right) \prod_{p \mid N} \left(1+\left(\frac{B}{p}\right)\right)$$

<u>est égal au nombre de classes de conjugaison dans</u> $\mathcal{O}$ <u>modulo</u> $\mathcal{O}^{\bullet}$, <u>de polynôme caractéristique égal à celui de</u> h.

On obtiendra facilement avec 5.12 et 5.13 les formules correspondantes pour les classes de conjugaison modulo $\mathcal{O}^1$ ou $N(\mathcal{O})$.

EXERCICES

5.1 Montrer que le corps de quaternions sur $\mathbb{Q}$ de discriminant réduit 46 est engendré par i,j vérifiant $i^2=-1$, $j^2=23$, $ij=-ji$ et $\mathcal{O}=\mathbb{Z}[1,i,j,(1+i+j+ij)/2]$ est un ordre maximal.

5.2 Montrer que le corps de quaternions sur $\mathbb{Q}$ de discriminant réduit un nombre premier p est engendré par i,j avec $i^2=a$, $j^2=b$, $ij=-ji$ et $\mathcal{O}$ est un ordre maximal quand :

$p=2$, $\{a,b\}=\{-1,-1\}$, $\mathcal{O}=\mathbb{Z}[1,i,j,(1+i+j+ij)/2]$

$p=-1 \bmod 4$, $\{a,b\}=\{-1,-p\}$, $\mathcal{O}=\mathbb{Z}[1,i,(i+j)/2,(1+ij)/2]$

$p=5 \bmod 8$, $\{a,b\}=\{-2,-p\}$, $\mathcal{O}=\mathbb{Z}[1,(1+i+j)/2,j,(2+i+ij)/4]$

$p\equiv 1 \bmod 8$, $\{a,b\}=\{-p,-q\}$, $\mathcal{O}=\mathbb{Z}[(1+j)/2,(j+aij)/2,ij]$

où q est un entier positif congru à -1 modulo $4p$, et a un entier congru à ∓ 1 modulo q.

On pourra trouver dans Pizer [6] une méthode permettant d'obtenir explicitement les ordres d'Eichler de niveau N (on autorise $p \mid N$, à condition que l'ordre local en p soit isomorphe à l'ordre canonique de l'exercice II, 4.4).

5.3 Soit p un idéal premier de R, premier au discriminant réduit D de H/K, où R, K, H sont définis comme dans le §5. En utilisant II.2.4, II.2.6, et III.5.1, montrer que

a) $\forall n \geqslant 2$, il existe des ordres dans H de discriminant réduit Dp^n qui ne sont pas des ordres d'Eichler

b) tout ordre dans H de discriminant réduit Dp est un ordre d'Eichler.

5.4 Démontrer que le normalisateur $N(\mathcal{O})$ d'un ordre de H/K (notations du §5) vérifie :

$$N(\mathcal{O}) = \{x \in H , x \in N(\mathcal{O}_p) \quad \forall p \notin S\} .$$

Supposons que $\mathcal{O}$ est un ordre d'Eichler. Démontrer que le groupe $N(\mathcal{O})/K^{\cdot}\mathcal{O}^{\cdot}$ est un groupe fini isomorphe à $(\mathbb{Z}/2\mathbb{Z})^m$ où m est inférieur ou égal au nombre de diviseurs premiers du discriminant réduit de $\mathcal{O}$.

5.5 Soient $S = \infty$, K un corps de nombres et h^+ le nombre de classes des idéaux de K au sens restreint induit par toutes les places infinies réelles de K . Montrer que

a) si h^+ est impair, toute algèbre de quaternions sur K , non ramifiée en au moins une place infinie, contient un seul type d'ordre d'Eichler (sur l'anneau des entiers de K) de niveau donné.

b) Si $h^+ = 1$, avec les mêmes hypothèses qu'en a) tous les ordres d'Eichler sont principaux.

En particulier si $K = \mathbb{Q}$, toute algèbre de quaternions $H/\mathbb{Q}$ telle que $H \otimes \mathbb{R} \simeq M(2,\mathbb{R})$ contient un unique ordre d'Eichler $\mathcal{O}$ de niveau donné, à conjugaison près. Cet ordre d'Eichler est principal. Si DN est son niveau, alors le groupe $N(\mathcal{O})/\mathbb{Q}^{\cdot}\mathcal{O}^{\cdot}$ est isomorphe à $(\mathbb{Z}/2\mathbb{Z})^m$ où m est le nombre de diviseurs premiers de DN , (exercice 5.4).

5.6 <u>Produit tensoriel</u>. Avec les notations de ce §, soient H_i/K des algèbres de quaternions telles que

$$D = H_1 \otimes H_2 = H_o \otimes H_3$$

des R-ordres $\mathcal{O}_i$ de H_i , et t_i , n_i , d_i la trace réduite, la norme réduite, le discriminant réduit de $\mathcal{O}_i$, dans H_i . On pose si $i+j = 3$, $h_i \in H_i$

$$T(h_i \otimes h_j) = t_i(h_i)\, t_j(h_j) \qquad N(h_i \otimes h_j) = n_i(h_i)\, n_j(h_j) .$$

Vérifier la cohérence des définitions de T , N . Donner leurs propriétés, en particulier montrer que T est K-bilinéaire, non dégénérée. Soit $\underline{\mathcal{O}}$ un R-ordre de D , et

$$\underline{\mathcal{O}}^* = \{x \in D \ , \ T(x\underline{\mathcal{O}}) \subset R\} \ .$$

Vérifier que $N(\underline{\mathcal{O}}^*)^{-2}$ est l'idéal engendré par

$$\{\text{dét}(T(x_i x_j)) \ , \ 1 \leqslant i \leqslant 16 \ , \ x_i \in \underline{\mathcal{O}}\} \ .$$

On pose $d(\underline{\mathcal{O}}) = N(\underline{\mathcal{O}}^*)^{-1}$. Vérifier que $\mathcal{O}_i \otimes \mathcal{O}_j$, $i+j=3$, est un ordre de D vérifiant

$$d(\mathcal{O}_i \otimes \mathcal{O}_j) = d_i d_j \ .$$

En choisissant $H_o = M(2,K)$, et $\mathcal{O}_o$, $\mathcal{O}_3$ des ordres maximaux, on obtient un ordre maximal $\mathcal{O}_o \otimes \mathcal{O}_3$ de D dont le discriminant $d = d_3$ est le discriminant commun des ordres maximaux de D .

5.7 Montrer que dans $M(2,K)$ un système de représentants des types des ordres d'Eichler de niveau N sur R (notations du §) est formé des ordres :

$\begin{pmatrix} R & I^{-1} \\ NI & R \end{pmatrix}$, où I parcourt un système de représentants des

idéaux de R modulo le groupe engendré par les idéaux principaux les carrés des idéaux, et les idéaux premiers J tels que $J^m \| N$ avec une puissance m impaire.

5.8 <u>Matrices d'Eichler-Brandt</u> (Brandt [1],[2]) (Eichler [8] p. 138). Les notations sont celles du §5. Soit I_i un système de représentants des idéaux à gauche d'un ordre $\mathcal{O}$ donné. On construit des matrices dites d'Eichler-Brandt

$$P(A) = (x_{i,j}(A))$$

où A est un idéal de R et $x_{i,j}(A)$ est le nombre d'idéaux entiers de norme réduite A , équivalents à droite à $I_i^{-1} I_j$. L'idéal A définit une permutation des indices f : $I_i A$ est équivalent à $I_{f(i)}$. On définit la matrice de cette permutation

$$L(A) = (d_{i,f(i)}) \ , \quad d_{i,j} = \begin{cases} 0 & \text{si } i \neq j \\ 1 & \text{si } i = j \end{cases} \ .$$

Démontrer les propriétés suivantes : soit $\mathcal{O}$ un ordre d'Eichler

a) La <u>somme des colonnes de</u> $P(A)$ est la même pour toutes les colonnes. On la note $c(A)$.

b) <u>Formules de</u> $c(A)$:

$c(A)\, c(B) = c(AB)$	si $(A,B) = 1$
$c(p^a) = 1$	si $p \mid D$
$c(p^a) = (Np^{a+1} - 1)/(Np-1)$	si $p \nmid DN$
$c(p^a) = 2(Np^{a+1} - 1)/(Np-1)$	si $p \| N$.

c) <u>Loi de multiplication pour</u> $P(A)$:

$$P(A)\,P(B) = P(AB) \qquad \text{si} \quad (A,B)=1$$

$$P(p^a)\,P(p^b) = P(p^{a+b}) \qquad \text{si} \quad p \mid D$$

$$P(p^a)\,P(p^b) = \sum_{n=0}^{b} N(p)^n\, P(p^{a+b-2n})\, L(p^{-1})^n \;,\; a \geqslant b \;,\; \text{si } (p,DN)=1.$$

d) Les matrices de Brandt et les matrices de permutation engendrent une R-algèbre commutative.

5.9 On garde les notations de ce §. Soit I un modèle d'idéal bilatère de H, définition I, p. 22. On dit qu'un élément $x \in H^{\cdot}$ est <u>congru multiplicativement à</u> 1 <u>modulo</u> I, ce que l'on écrit

$$x \equiv 1 \mod^{\circ} I$$

s'il existe un ordre maximal $\mathcal{O}$, et $a,b \in \mathcal{O}$ tels que

$$x = ab^{-1} \quad , \quad a,b \text{ premiers à } I \quad , \quad a-b \in I \, .$$

a) Montrer que $x \equiv 1 \mod^{\circ} I$ si et seulement s'il existe deux éléments $a,b \in H^{\cdot}$ tels que

$x = ab^{-1}$, $a,b,a+b,ab$ entiers , $n(a),n(b)$ premiers à I et $a-b \in I$.

b) On étend naturellement la définition de congruence multiplicative à K, aux algèbres de quaternions sur des corps locaux et aux idèles. Un élément $x \in H_A$ est congru multiplicativement à 1 modulo I, si ses composantes locales x_p, pour $p \notin S$ vérifient

$$x_p \equiv 1 \mod^{\circ} I_p \, .$$

Quand ces notions sont définies, on note $X(I)$ l'ensemble des éléments de X congrus multiplicativement à 1 modulo I. Montrer que si S vérifie C.E. alors $H^1_S(I)\, H^1_K(I)$ est dense dans $H^1_A(I)$.

c) Montrer que $n(H(I)) = K_H \cap K(J)$ si $J = R \cap I$.

d) Montrer que si S vérifie C.E., un idéal à gauche d'un ordre maximal $\mathcal{O}$ est engendré par un élément de $H(I)$ si et seulement si sa norme réduite est engendrée par un élément de $K_H \cap K(J)$.

5.10 <u>Corestriction</u>. Soit H/L une algèbre de quaternions sur un corps quadratique L. On se propose de déterminer la corestriction $D = \mathrm{Cor}_{L/\mathbb{Q}}(H)$ de H à $\mathbb{Q}$, voir I, exercice 2.1. Montrer que si v est une place de $\mathbb{Q}$, et H_v le corps de quaternions sur $\mathbb{Q}_v$, on a :

$$D_v \simeq M(2, H_v)$$

si v se relève dans L en deux places distinctes, et si une et une seule de ces places est ramifiée dans H .

On a :

$$D_v \simeq M(4, \mathbb{Q}_v)$$

dans les autres cas.

5.11 Symboles. Soit $K/\mathbb{Q}$ une extension quadratique de discriminant $d \equiv 0$, ou 1 (mod 4). Montrer que le symbole d'Artin $(\frac{L}{p})$ est égal au symbole de Legendre $(\frac{d}{p})$.

CHAPITRE IV

APPLICATION AUX GROUPES ARITHMETIQUES

Soit $(K_i^{\cdot})$ un ensemble fini non vide de corps locaux. On considère le groupe

$$G^1 = \prod_i SL(2, K_i^{\cdot}) .$$

On s'intéresse à certains sous-groupes discrets de covolume fini de G^1. Plus précisément, ceux obtenus en considérant une algèbre de quaternions H/K sur un corps global K telle qu'il existe un ensemble S de places de K vérifiant :

. $(K_v)_{v \in S} = (K_i)$ à permutation près.

. Aucune place $v \in S$ n'est ramifiée dans H. Toute place archimédienne n'appartenant pas à S est ramifiée dans H.

Ces groupes jouent un rôle important dans différents domaines. Leur utilité vient de ce qu'on peut bien les étudier en utilisant l'arithmétique des quaternions (chapitre III).

1 GROUPES DE QUATERNIONS

On fixe un corps global K, une algèbre de quaternions H/K, un ensemble S de places de K contenant ∞ et vérifiant la condition d'Eichler, notée C.E..On considère le groupe :

$$G^1 = \prod_{\substack{v \in S \\ v \notin \mathrm{Ram}\, H}} SL(2, K_v) .$$

Ce groupe est non trivial car S contient au moins une place non ramifiée dans H. On note $R = R_{(S)}$ les éléments de K entiers aux places n'appartenant pas à S, et on note Ω l'ensemble des R-ordres de H. On s'intéresse aux groupes de quaternions de norme réduite 1, dans les ordres $\mathcal{O} \in \Omega$:

$$\mathcal{O}^1 = \{x \in \mathcal{O} \ , \ n(x) = 1\} .$$

Pour chaque place v, on fixe un plongement de K dans K_v. On choisit un prolongement $\varphi_v : H \mapsto H_v'$, où

$$H'_v = \begin{cases} M(2,K_v) & , \text{ si } v \notin \text{Ram } H \\ \mathbb{H}_v & , \text{ si } v \in \text{Ram } H \end{cases}$$

où $\mathbb{H}_v$ désigne le corps de quaternions sur K_v. On en déduit un plongement

$$\varphi : H \to \prod_{\substack{v \in S \\ v \notin \text{Ram } H}} M(2,K_v) = G$$

qui envoie $\mathfrak{O}^1$ sur un sous-groupe de G^1. Par abus, on identifie dans la suite H'_v et H_v. On remarque que deux plongements φ, φ' diffèrent par un automorphisme intérieur de $G^{\cdot}$.

THEOREME 1.1. (1) <u>Le groupe</u> $\varphi(\mathfrak{O}^1)$ <u>est isomorphe à</u> $\mathfrak{O}^1$. <u>C'est un sous-groupe discret</u>, <u>de covolume fini de</u> G^1. <u>Il est cocompact si</u> H <u>est un corps</u>.

(2) <u>La projection de</u> $\varphi(\mathfrak{O}^1)$ <u>sur un facteur</u> $G' = \prod_v SL(2,K_v)$ <u>de</u> G^1, <u>avec</u> $1 \neq G' \neq G^1$, <u>est isomorphe à</u> $\mathfrak{O}^1$. <u>Elle est dense dans</u> G'.

PREUVE : La partie non triviale du théorème est une application des théorèmes fondamentaux III.1.4 et III.2.3. Les isomorphismes avec $\mathfrak{O}^1$ sont triviaux, car l'image de $\mathfrak{O}^1$ dans G', avec $1 \neq G'$ est $\Pi\varphi_v(\mathfrak{O}^1)$ qui est isomorphe à $\mathfrak{O}^1$. L'idée est de décrire le groupe H^1_A/H^1_K. On pose :

$$U = G^1.C \quad \text{avec} \quad C = \prod_{\substack{v \in S \text{ et} \\ v \in \text{Ram}(H)}} H^1_v \prod_{v \notin S} \mathfrak{O}^1_v .$$

Le groupe U est un sous-groupe ouvert de H^1_A vérifiant :

$$H^1_A = H^1_K U \quad \text{et} \quad H^1_K \cap U = \mathfrak{O}^1 .$$

D'où on déduit une bijection entre

$$H^1_A/H^1_K \qquad \text{et} \qquad U/\mathfrak{O}^1 .$$

D'après III.1.4 et III.2.3, on a :

(1) H^1_K est discret dans H^1_A, de covolume fini égal à $\tau(H^1) = 1$, cocompact si H est un corps.

D'après III.4.3, on a :

(2) $H^1_K G''$ est dense dans H^1_A, si $G'' = \Pi\, SL(2,K_v)$ avec $1 \neq G''$.

On en déduit que :

(1) $\mathfrak{O}^1$ est discret dans U, de covolume fini égal à 1 pour les mesures

de Tamagawa, cocompact si H est un corps.

(2) L'image de $\mathfrak{O}^1$ dans $G'.C$ est dense.

On utilise alors le lemme suivant pour finir la démonstration du théorème 1.1.

LEMME 1.2. _Soient_ X _un groupe localement compact_, Y _un groupe compact_, Z _le produit direct_ $X.Y$, _et_ T _un sous-groupe de_ Z _de projection_ V _sur_ X . _On a les propriétés suivantes_ :

a) _Si_ T _est discret dans_ Z , _alors_ V _est discret dans_ X . _De plus_ T _est de covolume fini_ (_resp. cocompact_) _dans_ Z , _si et seulement si_ V _a la même propriété dans_ X .

b) _Si_ T _est dense dans_ Z , _alors_ V _est dense dans_ X .

PREUVE : a) On suppose que T est discret dans Z . Pour tout voisinage compact D de l'unité dans X , montrons que $V \cap D$ n'a qu'un nombre fini d'élément. En effet, $X \cap (D.C)$ a un nombre fini d'éléments, supérieur ou égal à celui de $V \cap D$. Donc V est discret dans X . Soient $F_T \subset Z$, $F_V \subset X$ des ensembles fondamentaux de T dans Z , et de V dans X . Il est clair que $F_V.C$ contient un ensemble fondamental de T dans Z , et que la projection de F_T sur X contient un ensemble fondamental de V dans X . On en déduit a).

b) On suppose que T est dense dans Z . Tout point $(x,y) \in X.Y$ est limite d'une suite de points $(v,w) \in T$. Donc tout point $x \in X$ est limite d'une suite de points $v \in V$, et V est dense dans X .

DEFINITION. Deux sous-groupes X , Y d'un groupe Z sont _commensurables_, si leur intersection $X \cap Y$ est d'indice fini dans X et Y . Le _degré de commensurabilité_ de X par rapport à Y est

$$[X:Y] = [X:(X \cap Y)][Y:(X \cap Y)]^{-1} .$$

Le _commensurateur_ de X dans Z est

$$C_Z(X) = \{x \in Z \text{ , } X \text{ et } xXx^{-1} \text{ commensurables}\} .$$

DEFINITION. Le groupe $\varphi(\mathfrak{O}^1)$ s'appelle un _groupe de quaternions_ de G^1 . Un sous-groupe de G^1 , qui est conjugué dans G^1 à un groupe commensurable avec un groupe de quaternions (donc de la forme $\varphi(\mathfrak{O}^1)$, pour un choix convenable des données K , H , S , φ , Ω) s'appelle un _groupe arithmétique_.

Nous laissons en exercice la vérification du lemme élémentaire suivant.

LEMME 1.3. *Soient* Z *un groupe localement compact,* X *et* Y *deux sous-groupes de* Z *qui sont commensurables.* Alors X *est discret dans* Z, *si et seulement si* Y *est discret dans* Z. *De plus,* X *est de covolume fini* (*resp. cocompact*) *si et seulement si* Y *est de covolume fini* (*resp. cocompact*). *Dans ce cas, on a* :

$$\mathrm{vol}(Z/X)[X:Y] = \mathrm{vol}(Z/Y) .$$

EXEMPLE. Un sous-groupe Y d'indice fini d'un groupe X est commensurable à X. Le degré de commensurabilité $[X:Y]$ est l'indice de Y dans X. Le commensurateur de Y dans X est égal à X. Pour tout $x \in X$, on a $[X : xYx^{-1}] = [X:Y]$.

REMARQUE. Takeuchi ([1] à [4]) a déterminé tous les sous-groupes arithmétiques de $SL(2,\mathbb{R})$ qui sont *triangulaires*, c'est-à-dire qui admettent une présentation

$$\Gamma = \langle \gamma_1,\gamma_2,\gamma_3 \; ; \; \gamma_1^{e_1} = \gamma_2^{e_2} = \gamma_3^{e_3} = \gamma_1\gamma_2\gamma_3 = \mp 1 \rangle$$

où les e_i sont des nombres entiers, $2 \leqslant e_i \leqslant \infty$. Il a déterminé aussi la classe de commensurabilité d'un groupe de quaternions dans $SL(2,\mathbb{R})$.

PROPOSITION 1.4. *Les groupes* $\mathcal{O}^1$, *pour* $\mathcal{O} \in \Omega$, *sont commensurables deux à deux. Le commensurateur de l'un deux dans* $H^{\bullet}$ *est égal à* $H^{\bullet}$.

PREUVE : L'intersection de deux ordres de Ω est un ordre de Ω. Pour tout ordre $\mathcal{O} \in \Omega$, on a vu que $\mathcal{O}^1$ est discret dans U, de covolume fini. La proposition en résulte immédiatement.

COROLLAIRE 1.5. *Les groupes* $\varphi(\mathcal{O}^1)$ *pour* $\mathcal{O} \in \Omega$ *sont commensurables deux à deux. Le commensurateur de l'un deux dans*

$$G^{\bullet} = \prod_{\substack{v \in S \\ v \notin \mathrm{Ram}\, H}} GL(2,K_v)$$

est égal à $Z\varphi(H^{\bullet})$, *où* Z *est le centre de* $G^{\bullet}$.

PREUVE : La première partie résulte instantanément de la proposition 1.4. Si $x \in G^{\bullet}$ appartient au commensurateur de $\varphi(\mathcal{O}^1)$, il induit un automorphisme intérieur $\tilde{x}$ fixant $\varphi(H)$. Tout automorphisme de $\varphi(H)$ fixant $\varphi(K)$ point par point est intérieur. Donc $x \in Z\varphi(H^{\bullet})$. Inversement il est clair que $Z\varphi(H^{\bullet})$ est contenu dans le commensurateur de $\varphi(\mathcal{O}^1)$ dans $G^{\bullet}$.

DEFINITION. Soit I un idéal bilatère entier d'un ordre $\mathcal{O} \in \Omega$. Le noyau $\mathcal{O}^1(I)$ dans $\mathcal{O}^1$ de l'homomorphisme canonique : $\mathcal{O} \to \mathcal{O}/I$ s'appelle le <u>groupe de congruence principal de</u> $\mathcal{O}^1$ <u>modulo</u> I. Un <u>groupe de congruence de</u> $\mathcal{O}^1$ <u>modulo</u> I est un sous-groupe de $\mathcal{O}^1$ contenant $\mathcal{O}^1(I)$.

Les groupes de congruence sont des groupes commensurables entre eux. On a :

$$[\mathcal{O}^1 : \mathcal{O}^1(I)] \leqslant [\mathcal{O}:I] .$$

Si $\mathcal{O}'$ est un ordre d'Eichler de niveau N, contenu dans un ordre maximal $\mathcal{O}$, alors le groupe $\mathcal{O}'^1$ est un groupe de congrence de $\mathcal{O}^1$ modulo l'idéal bilatère $N\mathcal{O}$. Les groupes ainsi construits avec les ordres d'Eichler, et les groupes de congruence principaux sont des groupes pour lesquels on a certains renseignements arithmétiques :

- valeurs des covolumes, indices (théorème 1.7)
- valeurs des nombres de classes de conjugaison de polynôme caractéristique donné (III.5.14 et 5.17).

C'est partiellement pour cette raison, qu'on les rencontre fréquemment. Une autre série de groupes est parfois rencontrée (pour la même raison). Ce sont les normalisateurs $N(\varphi(\mathcal{O}^1))$ dans G^1 des groupes $\varphi(\mathcal{O}^1)$, où $\mathcal{O}$ est un ordre d'Eichler. Les groupes quotients $N(\varphi(\mathcal{O}^1))/\varphi(\mathcal{O}^1)$ sont de type $(2,2,\ldots)$.
On déduit de IV.5.14, 5.16, 5.17, et exercice 5.12 la proposition suivante :

PROPOSITION 1.6. <u>Tout groupe</u> $\mathcal{O}^1$, <u>pour</u> $\mathcal{O} \in \Omega$, <u>contient un sous-groupe d'indice fini ne contenant pas d'éléments d'ordre fini différents de l'unité</u>.

La relation $\tau(H^1) = 1$, sous la forme $\mathrm{vol}(G^1.C/\mathcal{O}^1) = 1$, nous permet de calculer le covolume de $\varphi(\mathcal{O}^1)$ dans G^1 :

$$\mathrm{vol}(G^1/\varphi(\mathcal{O}^1)) = \mathrm{vol}(C)^{-1}$$

pour les mesures de Tamagawa. En utilisant la définition de :

$$C = \prod_{\substack{v\in S \text{ et} \\ v\in \mathrm{Ram}\, H}} H_v^1 \prod_{p\notin S} \mathcal{O}_p^1$$

on peut aussi calculer les degrés de commensurabilité globaux, à partir des degrés de commensurabilité locaux.

THEOREME 1.7. <u>Le degré de commensurabilité de deux groupes</u> $\mathcal{O}^1$, $\mathcal{O}'^1$ <u>pour</u> $\mathcal{O},\mathcal{O}' \in \Omega$ <u>est égal au produit des degrés de commensurabilité locaux</u> :

$$[\mathcal{O}^1 : \mathcal{O}'^1] = \prod_{p \notin S} [\mathcal{O}_p^1 : \mathcal{O}_p'^1] = \prod_{p \notin S} \mathrm{vol}(\mathcal{O}_p^1)\mathrm{vol}(\mathcal{O}_p'^1)^{-1} .$$

Pour les mesures de Tamagawa,

$$\mathrm{vol}(G^1/\varphi(\mathcal{O}^1))^{-1} = \prod_{\substack{v \in \mathrm{Ram}\, H \\ \text{et } v \in S}} \mathrm{vol}(H_v^1) \prod_{p \notin S} \mathrm{vol}(\mathcal{O}_p^1) .$$

Les formules explicites (II, Exercices 4.2, 4.3) de volumes locaux pour les mesures de Tamagawa, ont été obtenues pour les groupes de congruence principaux obtenus avec les ordres d'Eichler. En les utilisant, on obtient par exemple le

COROLLAIRE 1.8. Si $\mathcal{O}$ est un ordre maximal,

$$\mathrm{vol}(G^1/\varphi(\mathcal{O}^1)) = \zeta_K(2)(4\pi^2)^{-|\mathrm{Ram}_\infty H|} D_K^{3/2} \prod_{p \in \mathrm{Ram}_f H} (Np-1) \prod_{\substack{p \in S \cap P \\ p \notin \mathrm{Ram}_f H}} D_p^{-3/2}(1-Np^{-2}) .$$

Nous allons donner d'autres exemples.

EXEMPLES : 1) H est une algèbre de quaternions indéfinie sur $\mathbb{Q}$, i.e. $H_{\mathbb{R}} = M(2,\mathbb{R})$ alors le covolume de $\mathcal{O}^1$, si $\mathcal{O}$ est un $\mathbb{Z}$-ordre maximal est

$$\frac{\pi^2}{6} \prod_{p|D} (p-1) \quad , \text{ où } D \text{ est le discriminant réduit de } H .$$

2) $H = M(2,\mathbb{Q}(\sqrt{-1}))$ et $\mathcal{O}^1 = SL(2,\mathbb{Z}(\sqrt{-1}))$, alors le covolume est $8\zeta_{\mathbb{Q}(\sqrt{-1})}(2)$ nombre dont on ignore la nature arithmétique : on ne sait pas s'il est transcendant. Le groupe $\mathcal{O}^1$ est parfois appelé le groupe de Picard.

3) H est une algèbre de quaternions sur $\mathbb{Q}$, ramifiée à l'infini non ramifiée en p et $S = \{\infty, p\}$. Pour un ordre maximal $\mathcal{O}$, le groupe $\mathcal{O}^1$ est un sous-groupe discret cocompact de $SL(2,\mathbb{Q}_p)$ et de covolume

$$\frac{1}{24}.(1-p^{-2}).\prod_{q|D} (q-1) \quad , \text{ où } D \text{ est le discriminant réduit de } H .$$

4) Groupes de congruence. Soit K un corps local non archimédien, d'anneau des entiers R, et soit p une uniformisante de R. Pour tout entier $m \geqslant 1$, on a défini (II, p. 55) dans l'ordre d'Eichler canonique de niveau $p^m R$ de $M(2,K)$ les groupes $\Gamma_o(p^m) \supset \Gamma_1(p^m) \supset \Gamma(p^m)$, dont on a calculé les volumes pour la mesure de Tamagawa. Considérons maintenant un corps global K, un ensemble de places S vérifiant C.E. pour une algèbre de quaternions H/K, et R l'anneau des éléments de K entiers pour $v \notin S$. Pour tout idéal N de R, premier au discriminant réduit D de H/K, soit $\mathcal{O}$ un R-ordre d'Eichler dans H de niveau N. Pour tout idéal premier $p|N$, et tel que $p^m \| N$, on choisit un plongement

$i_p : K \to K_p$, où K_p est un corps local non archimédien. On peut prolonger i_p en un plongement de H dans $M(2,K_p)$, noté de la même façon, tel que $i_p(\mathcal{O})$ soit l'ordre d'Eichler canonique de niveau $p^m R_p$. L'image réciproque par i_p des groupes $\Gamma_o(p^m)$ et $\Gamma(p^m)$ est respectivement $\mathcal{O}^1$ et $\mathcal{O}^1(p^m)$. On définit des groupes de congruence de type mixte en considérant les sous-groupes Γ de $\mathcal{O}^1$ définis par :

$$\Gamma = \{x \in \mathcal{O}^1 \ , \ i_p(x) \in \begin{cases} \Gamma_o(p^m) & \text{si } p \mid N_o \\ \Gamma_1(p^m) & \text{si } p \mid N_1 \\ \Gamma(p^m) & \text{si } p \mid N_2 \end{cases} \ , \ \text{où } p^m \| N\}^{(1)}$$

pour toutes les décompositions $N = N_o N_1 N_2$ de N en facteurs N_o , N_1 , N_2 premiers entre eux. On peut considérer alors un plongement φ de $H^\cdot$ dans $G^\cdot = \Pi\, GL(2,K_v)$ où $v \in S$, mais $v \notin \mathrm{Ram}\, H$, et l'image $\varphi(\Gamma)$ dans G^1 . Le volume de $\varphi(\Gamma)\backslash G^1$ pour la mesure de Tamagawa se calcule explicitement. On a :

$$\mathrm{vol}(\varphi(\Gamma)\backslash G^1) = (4\pi^2)^{-|\mathrm{Ram}_\infty H|} . D_K^{3/2}\, \zeta_K(2) . \prod_{p \mid D} (Np-1) . N_o\, N_1^2\, N_2^3 . \prod_{p \mid N_o} (1+Np^{-1}) . \prod_{p \mid N_1 N_2} (1-Np^{-2}) . \prod_{\substack{p \in S \\ p \notin \mathrm{Ram}\, H}} D_p^{-3/2} (1-Np^{-2}) .$$

On remarque que ces volumes dépendent uniquement des données : D_K , $\zeta_K(2)$, $|\mathrm{Ram}_\infty H|$, D , N_o , N_1 , N_2 , S .

5) <u>Groupes arithmétiques</u>. a) Les groupes arithmétiques de $SL(2,\mathbb{R})$ sont les groupes commensurables aux groupes de quaternions définis par les algèbres de quaternions H/K sur des corps K totalement réels K , telles que $H \otimes R = M(2,\mathbb{R}) \oplus \mathbb{H}^{n-1}$, où $n = [K:\mathbb{Q}]$, et par $S = \infty$. Si $\mathcal{O}$ est un ordre maximal de H sur l'anneau des entiers de K , si Γ^1 est l'image de $\mathcal{O}^1$ dans $SL(2,\mathbb{R})$ par un plongement de H dans $M(2,\mathbb{R})$, on a pour la mesure de Tamagawa :

$$\mathrm{vol}(\Gamma^1 \backslash SL(2,\mathbb{R})) = \zeta_K(2)\, D_K^{3/2}\, (4\pi^2)^{1-[K:\mathbb{Q}]} \prod_{p \mid D} (Np-1)$$

où D_K est le discriminant réduit de H/K .

b) Les sous-groupes arithmétiques de $SL(2,\mathbb{C})$ sont les groupes commensurables aux groupes de quaternions ainsi définis : H/K est une algèbre de quaternions sur un corps de nombres K telle que $H \otimes R = M(2,\mathbb{C}) \oplus \mathbb{H}^{[K:\mathbb{Q}]-2}$, et $S = \infty$. Si $\mathcal{O}$ est un ordre maximal de H sur l'anneau des entiers de K , et Γ^1 une image isomorphe de $\mathcal{O}^1$

(1) Le nombre m dépend de p bien entendu.

dans $SL(2,\mathbb{C})$, on a pour la mesure de Tamagawa :

$$vol(\Gamma^1 \backslash SL(2,\mathbb{C})) = \zeta_K(2)\ D_K^{3/2}\ (4\pi^2)^{2-[K:\mathbb{Q}]} \prod_{p|D} (Np-1) .$$

c) Si p est une place finie d'un corps global K , les sous-groupes arithmétiques de $SL(2,K_p)$ sont les groupes commensurables aux groupes de quaternions ainsi définis :

- si K est un corps de fonctions, $S=\{p\}$, H/K non ramifiée en p
- si K est un corps de nombres, H/K est totalement ramifiée à l'infini, c'est-à-dire $Ram_\infty H=\infty$, non ramifiée en p , et $S=\{p\}$.

Si $\mathcal{O}$ est un ordre maximal de H sur l'anneau des éléments de K entiers aux places n'appartenant pas à S , et Γ^1 l'image de $\mathcal{O}^1$ dans $SL(2,K_p)$, on a pour la mesure de Tamagawa :

$$vol(\Gamma^1 \backslash SL(2,K_p)) = \zeta_K(2)\ D_K^{3/2}\ D_p^{-3/2}\ (1-Np^{-2}) \prod_{p|D} (Np-1).(4\pi^2)^{-n}$$

où $n=0$ si K est un corps de fonctions, et $n=[K:\mathbb{Q}]$ sinon.

6) <u>Groupe modulaire de Hilbert</u>. Si K est un corps de nombres totalement réel, et si $H=M(2,K)$, alors le groupe $SL(2,R)$ où R est l'anneau des entiers de K s'appelle le groupe modulaire de Hilbert. C'est un sous-groupe discret de $SL(2,\mathbb{R})^{[K:\mathbb{Q}]}$, et pour la mesure de Tamagawa, on a :

$$vol(SL(2,R)\backslash SL(2,\mathbb{R})^{[K:\mathbb{Q}]}) = \zeta_K(-1)\ (-2\pi^2)^{-[K:\mathbb{Q}]} .$$

Ceci se voit en utilisant la relation entre $\zeta_K(2)$ et $\zeta_K(-1)$ obtenue avec l'équation fonctionnelle :

$$\zeta_K(2)\ D_K^{3/2}\ (-2\pi^2)^{-[K:\mathbb{Q}]} = \zeta_K(-1) .$$

7) Soit H/K une algèbre de quaternions. Si S est un ensemble de places vérifiant C.E., alors $S' = \{v\in S\ ,\ v\notin Ram_f H\}$ vérifie C.E. Si $\mathcal{O}$ est un ordre sur l'anneau des éléments de K entiers aux places $v\in S$, alors $\mathcal{O}' = \{x\in\mathcal{O}\ ,\ x$ entier pour $v\in Ram_f H\}$ est un ordre sur l'anneau des éléments de K entiers aux places $v\notin S'$. Il est facile de vérifier que $\mathcal{O}^1=\mathcal{O}'^1$. On en déduit que dans l'étude des groupes de quaternions, on peut supposer que $Ram_f H\cap S = \emptyset$.

2 SURFACES DE RIEMANN

Soit $\mathcal{H}$ le demi-plan supérieur, muni de sa métrique hyperbolique ds^2 :

$$\mathcal{H} = \{z = (x,y) \in \mathbb{R}^2 \ , \ y > 0\} \quad , \quad ds^2 = y^{-2}(dx^2 + dy^2) \ .$$

Le groupe $PSL(2,\mathbb{R})$ opère sur $\mathcal{H}$ par homographies. Un sous-groupe discret, de covolume fini, $\bar{\Gamma} \subset PSL(2,\mathbb{R})$ définit une surface de Riemann $\bar{\Gamma}\backslash\mathcal{H}$. On considère celles qui sont associées aux groupes de quaternions $\Gamma \subset SL(2,\mathbb{R})$, d'image $\bar{\Gamma} \subset PSL(2,\mathbb{R})$.
Les résultats de III.5, IV.1 permettent aisément d'obtenir :

- le genre
- le nombre de points elliptiques d'ordre donné
- le nombre de courbes géodésiques minimales de longueur donnée (§3).

On en déduit des exemples simples et explicites de surfaces riemanniennes isospectrales (pour le laplacien) mais non isométriques (§3).

DEFINITION. Une <u>homographie</u> complexe est une application de $\mathbb{C} \cup \infty$ dans $\mathbb{C} \cup \infty$ de la forme :

$$z \rightarrow (az+b)(cz+d)^{-1} = t \quad , \text{ où } \quad g = \begin{pmatrix} a & b \\ c & d \end{pmatrix} \in GL(2,\mathbb{C}) \ .$$

On pose $t = \bar{g}(z)$. On note $\bar{X} = \{\bar{x} \ , \ x \in X\}$ pour tout ensemble $X \subset GL(2,\mathbb{C})$.

On s'intéresse désormais uniquement aux homographies réelles, induites par $SL(2,\mathbb{R})$. On a :

$$Y = y \ |cz+d|^{-2} \ .$$

Ces homographies conservent donc le demi-plan supérieur (inférieur) $\mathcal{H}$ et l'axe réel. En différentiant la relation donnant t , on a :

$$dt = (cz+d)^{-2} \ dz \ .$$

On en déduit deux conséquences :

1) Si $c \neq 0$, le lieu des points tels que $|dt| = |dz|$ est le cercle $|cz+d| = 1$. Ce cercle appelé le <u>cercle d'isométrie</u> de l'homographie, joue un rôle important dans la construction de domaines fondamentaux explicites des sous-groupes discrets $\Gamma \subset PSL(2,\mathbb{R})$ dans $\mathcal{H}$.

2) $PSL(2,\mathbb{R})$ opère sur $\mathcal{H}$ par isométrie sur le demi-plan supérieur $\mathcal{H}$ muni de sa métrique hyperbolique. Le groupe d'isotropie du point $i = (0,1)$ dans $SL(2,\mathbb{R})$ est $SO(2,\mathbb{R})$. L'opération de $PSL(2,\mathbb{R})$ sur $\mathcal{H}$ est transitive. On a donc une réalisation :

$$\mathcal{H} = SL(2,\mathbb{R})/SO(2,\mathbb{R}) \ .$$

On peut parler de longueur, d'aire, de géodésique pour la métrique hyperbolique sur $\mathcal{H}$. On obtient :

DEFINITION. La <u>longueur hyperbolique</u> d'une courbe dans $\mathcal{H}$ est l'intégrale :

$$\int |dz|\, y^{-1}$$

prise le long de cette courbe.

La <u>surface hyperbolique</u> d'une aire dans $\mathcal{H}$ est l'intégrale double :

$$\iint y^{-2}\, dx\, dy$$

prise à l'intérieur de cette aire.

Les <u>géodésiques hyperboliques</u> sont les cercles centrés sur l'axe réel (les droites orthogonales à l'axe réel incluses)

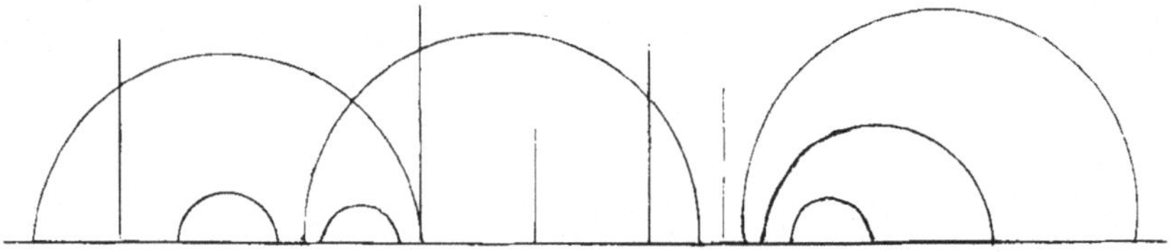

L'axe réel est la droite à l'infini de $\mathcal{H}$.

Le <u>groupe des isométries</u> de $\mathcal{H}$ est isomorphe à $PGL(2,\mathbb{R})$. A $\begin{pmatrix} a & b \\ c & d \end{pmatrix} \in GL(2,\mathbb{R})$ on associe l'homographie

$$t = (az+b)(cz+d)^{-1} \quad , \quad \text{si} \quad ad-bc > 0$$

$$t = (a\bar{z}+b)(c\bar{z}+d)^{-1} \quad , \quad \text{si} \quad ad-bc < 0 \quad .$$

PROPOSITION 2.1. <u>La distance hyperbolique de deux points</u> $z_1, z_2 \in \mathcal{H}$ <u>est égale à</u> :

$$d(z_1,z_2) = |\text{Arc cosh}\ (1 + |z_1-z_2|^2/2z_1z_2| \ .$$

PREUVE :

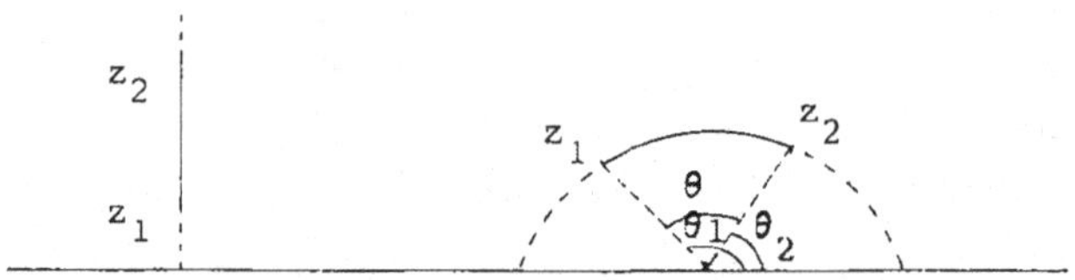

Si la géodésique entre les deux points est une droite verticale, $ds = \left|\int_{y_1}^{y_2} dy/y\right| = \left|\text{Log}(y_2/y_1)\right|$. Si la géodésique est un arc de cercle centré sur l'axe réel, $\int ds = \int_{\theta_1}^{\theta_2} d\theta/\sin\theta = |\mathrm{Log}\ |tg(\theta_1/2)/tg(\theta_2/2)||$.

Dans les deux cas, on retrouve la formule donnée.

COROLLAIRE 2.2. _Soit_ N _un nombre réel positif. Pour tout point_ $z_o \in \mathcal{H}$ _de partie réelle nulle, on a_ :

$$\mathrm{Log}\ N = d(z_o, Nz_o) = \inf_{z \in \mathcal{H}} d(z, Nz) .$$

PREUVE : $d(z,Nz) = \mathrm{Arc\ cosh}\ (1 + \frac{(N-1)^2}{2N}(1+x^2/y^2))$ est minimum pour $x=0$ et vaut alors $\mathrm{Log}\ N$.

PROPOSITION 2.3. _L'aire d'un triangle dont les sommets sont à l'infini est égale à_ π .

PREUVE :

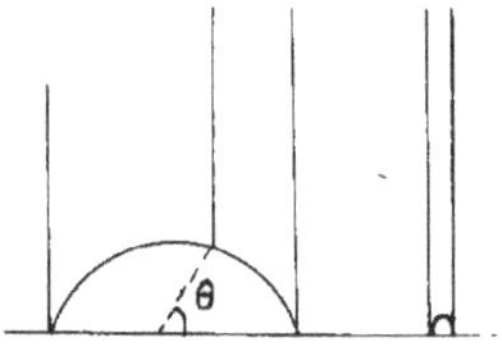

$$\iint y^{-2}\,dx\,dy = \int_0^{\pi} -\sin\theta\ d\theta \int_{\sin\theta}^{\infty} y^{-2}dy = \pi .$$

L'aire commune de ces triangles pourrait servir de définition à la valeur π .

PROPOSITION 2.4. _L'aire d'un triangle hyperbolique d'angle aux sommets_ θ_1 , θ_2 , θ_3 _est égale à_ $\pi - \theta_1 - \theta_2 - \theta_3$.

PREUVE : La formule est vraie si tous les sommets sont à l'infini. On utilise la formule de Green si aucun sommet n'est à l'infini : si C_i , $i=1,2,3$ sont les côtés du triangle $\iint y^{-2}\,dx\,dy = \sum_i \int_{C_i} dx/y$

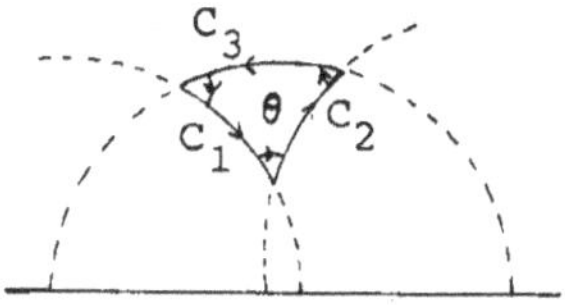

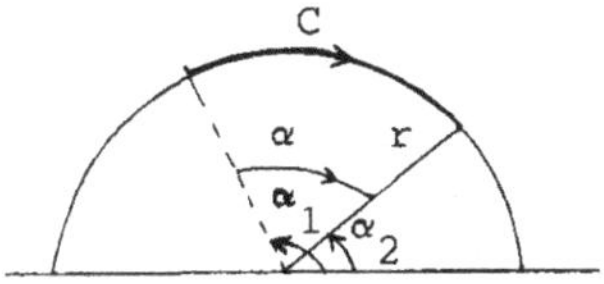

$$\int_C dx/y = \int_{\alpha_1}^{\alpha_2} r\sin u/(-r\sin u)du = \alpha .$$

L'aire est donc $I = \alpha_1 + \alpha_2 + \alpha_3$. La rotation totale de la dérivée normale le long du triangle est 2π , et celle autour d'un sommet d'angle θ est $\pi - \theta$. On en déduit $2\pi = \sum_i (\pi - \theta_i) + \sum_i \alpha_i$, d'où $I = \pi - \theta_1 - \theta_2 - \theta_3$. On se ramène à un de ces deux cas quand l'un des angles est nul (le sommet correspondant à l'infini). Par triangulation on calcule l'aire d'un polygone.

COROLLAIRE 2.5. <u>L'aire d'un pôlygone hyperbolique d'angles aux sommets $\theta_1, \ldots, \theta_n$ est égale à</u> $(n-2)\pi - (\theta_1 + \ldots + \theta_n)$.

EXEMPLE : <u>Un domaine fondamental de</u> $PSL(2,\mathbb{Z})$. Le groupe $PSL(2,\mathbb{Z})$ est engendré par les homographies $t = z+1$ et $t = -1/z$. On vérifie que le domaine hachuré ci-contre est un ensemble fondamental

$F = \{ z \in \mathbb{C} \ , \ \operatorname{Im} z > 0 \ , \ |z| \geq 1 \ , \ -\frac{1}{2} \leq \operatorname{Re} z \leq \frac{1}{2}$.

C'est un triangle dont un des sommets est à l'infini. Son aire est $\pi - 2\pi/3 = \pi/3$. Elle est égale à l'aire du triangle non hachuré, qui est aussi un ensemble fondamental de $SL(2,\mathbb{Z})$ dans $\mathbb{H}$.

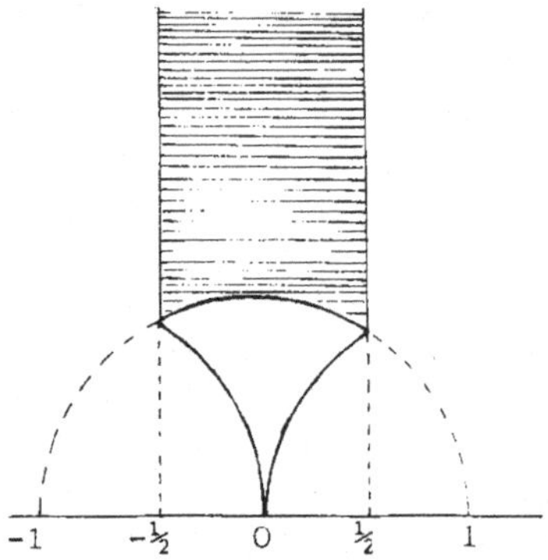

On déduit de la suite exacte d'applications continues :

$$1 \longrightarrow SO(2,\mathbb{R}) \xrightarrow{i} SL(2,\mathbb{R}) \xrightarrow{\varphi} \mathbb{H} \longrightarrow 1$$

où i est l'inclusion naturelle, et $\varphi(g) = \bar{g}(i)$, une mesure de Haar sur $SL(2,\mathbb{R})$ par compatibilité avec la mesure hyperbolique de $\mathbb{H}$ et une mesure de Haar $d\theta$ de $SO(2,\mathbb{R})$. On la note :

$$y^{-2} \, dx \, dy \, d\theta \ .$$

Il est faux en général que pour un sous-groupe discret de covolume fini $\Gamma \subset SL(2,\mathbb{R})$ l'on ait pour ces mesures :

$$(1) \qquad \operatorname{vol}(\bar{\Gamma} \backslash \mathbb{H}) \operatorname{vol}(SO(2,\mathbb{R}) = \operatorname{vol}(\Gamma \backslash SL(2,\mathbb{R})) \ .$$

Cela est vrai si Γ opère sans points fixes sur $\mathbb{H}$.

COROLLAIRE 2.6. <u>La mesure de Tamagawa sur</u> $SL(2,\mathbb{R})$ <u>est égale à</u> $y^{-2} \, dx \, dy \, d\theta$, <u>où</u> $d\theta$ <u>est normalisée par</u> $\operatorname{vol}(SO(2,\mathbb{R})) = \pi$.

PREUVE : D'après 1.6, le groupe $SL(2,\mathbb{Z})$ possède un sous-groupe Γ d'indice fini ne contenant pas de racines de l'unité différente de 1 .

Un groupe avec cette propriété opère sans points fixes et fidèlement sur $\mathcal{H}$. D'après 1.3, on a :

$$\mathrm{vol}(\Gamma\backslash SL(2,\mathbb{R})) = \mathrm{vol}(SL(2,\mathbb{Z})\backslash SL(2,\mathbb{R}))\ [SL(2,\mathbb{Z}) : \Gamma] .$$

D'autre part, si F est un domaine fondamental de $PSL(2,\mathbb{Z})$ dans $\mathcal{H}$, alors $\cup\gamma F$, $\gamma \in \bar{\Gamma}\backslash PSL(2,\mathbb{Z})$ est un domaine fondamental de $\bar{\Gamma}$ dans $\mathcal{H}$, donc :

$$\mathrm{vol}(\bar{\Gamma}\backslash\mathcal{H}) = \mathrm{vol}(PSL(2,\mathbb{Z})\backslash\mathcal{H})\ [PSL(2,\mathbb{Z}) : \bar{\Gamma}] .$$

Comme $[SL(2,\mathbb{Z}) : \Gamma] = 2[PSL(2,\mathbb{Z}) : \bar{\Gamma}]$, on déduit de (1) la relation :

(2) $\quad \mathrm{vol}(PSL(2,\mathbb{Z})\backslash\mathcal{H})\ \mathrm{vol}\ SO(2,\mathbb{R}) = 2\ \mathrm{vol}(SL(2,\mathbb{Z})\backslash SL(2,\mathbb{R}))$.

On a vu dans l'exemple précédent, et 1) du §1 que :

$\mathrm{vol}(PSL(2,\mathbb{Z})\backslash\mathcal{H}) = \pi/3$ pour la mesure hyperbolique,

$\mathrm{vol}(SL(2,\mathbb{Z})\backslash SL(2,\mathbb{R})) = \pi^2/6$ pour la mesure de Tamagawa.

D'où le corollaire 2.6. Dans la démonstration, on a obtenu également la propriété suivante.

COROLLAIRE 2.7. _Soit_ Γ _un groupe arithmétique_. _Le volume de_ $\bar{\Gamma}\backslash\mathcal{H}$ _pour la mesure hyperbolique est égal à_

$$\frac{1}{\pi} \times \mathrm{vol}(\Gamma\backslash SL(2,\mathbb{R})) \times \begin{cases} 1 , & \text{si } -1 \notin \Gamma \\ 2 , & \text{si } -1 \in \Gamma \end{cases} \quad \underline{\text{calculé}}$$

pour la mesure de Tamagawa.

Ceci permet de calculer avec 1.7 les volumes hyperboliques de $\bar{\Gamma}\backslash\mathcal{H}$.

On considère une homographie réelle non triviale, associée à $g = \begin{pmatrix} a & b \\ c & d \end{pmatrix} \in SL(2,\mathbb{R})$. Elle a deux points doubles dans $\mathbb{C}\cup\infty$:

(1) distincts, réels si $(a+d)^2 > 4$
(2) distincts, complexes conjugués, si $(a+d)^2 < 4$
(3) confondus si $(a+d)^2 = 4$.

On voit ceci aisément, car l'égalité :

$z = (az+b)(cz+d)^{-1}$ est équivalente à $cz^2 + (d-a)z - b = 0$.

Le discriminant de l'équation quadratique est $(d+a)^2 - 4$.

DEFINITION. Dans le cas (1), l'homographie est dite _hyperbolique_. Sa _norme_ ou son _multiplicateur_ est égal à $N = \lambda^2$, où λ est la valeur propre de g strictement supérieure à 1 .
Dans le cas (2), elle est dite _elliptique_. Son angle, ou son _multiplicateur_ est égal à $N = \lambda^2$, où $\lambda = e^{i\theta}$ est la valeur propre de g telle que

$0 \leqslant \theta < \pi$.

Dans le cas (3), elle est dite <u>parabolique</u>.

Ces définitions ne dépendant que de la classe de conjugaison de g dans $GL(2,\mathbb{R})$ s'étendent aux classes de conjugaison.

PROPOSITION 2.8. <u>Soit</u> $\bar{g}$ <u>une homographie hyperbolique de norme</u> N .
<u>On a</u> :

$$\operatorname{Log} N = d(z_o,\bar{g}(z_o)) = \operatorname*{Inf}_{z\in\mathcal{H}} d(z,\bar{g}(z))$$

<u>pour tout élément</u> z_o <u>appartenant à la géodésique joignant les points doubles de</u> $\bar{g}$.

PREUVE : Comme $GL(2,\mathbb{R})$ opère par isométrie, on peut se ramener à $\bar{g}(z) = Nz$, et utiliser 2.2.

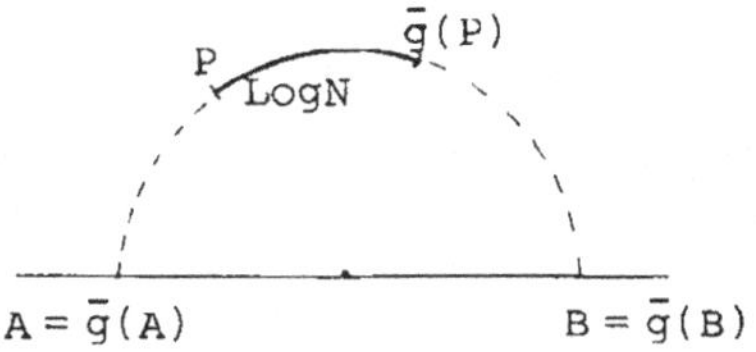

<u>Compactification</u> de $\mathcal{H}$. On compactifie $\mathcal{H}$ en le plongeant dans l'espace $\mathcal{H} \cup \mathbb{R} \cup \infty$, muni de la topologie obtenue en considérant comme système fondamental de voisinages à l'infini les voisinages ouverts V_y , $y > 0$ définis ci-dessous :

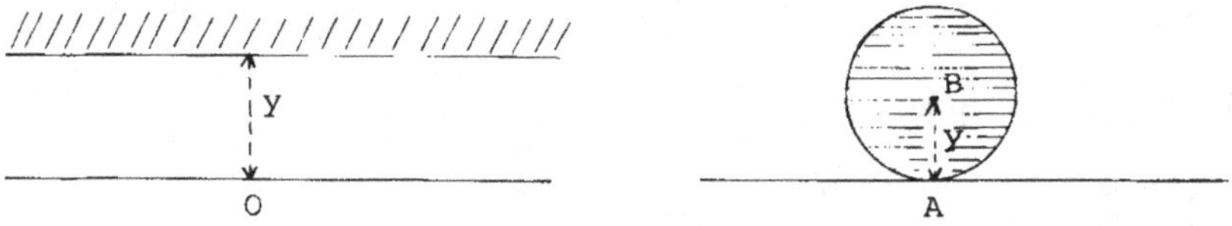

pour ∞ : $V_y = \{z \in \mathcal{H} , \operatorname{Im} z > 0\}$, pour $A \in \mathbb{R}$: $V_y = \{z \in H , d(B-z) < y\}$.

<u>Domaines Fondamentaux</u>. On rappelle un certain nombre de résultats classiques sur la construction de domaines fondamentaux.

Références : Poincaré [1], Siegel [3].

Soient Γ un sous-groupe discret de $SL(2,\mathbb{R})$, de covolume fini, et $\bar{\Gamma}$ le groupe des homographies associées à Γ .

1 - Pour tout élément $z_o \in \mathcal{H}$, qui n'est point double d'aucune matrice elliptique de Γ (l'existence d'un tel point est facile à démontrer), l'ensemble

$$F = \{z \in \mathcal{H} , d(z,z_o) \leqslant d(\bar{g}(z),z_o) \quad \forall \bar{g} \in \bar{\Gamma}\}$$

est un polygone hyperbolique et un ensemble fondamental de Γ dans $\mathcal{H}_2$.

2 - Les côtés de F sont en nombre pair, et congrus deux à deux modulo $\bar{\Gamma}$. On peut ainsi les regrouper par paires $(C_i, \bar{g}_i(C_i))$, $1 \leqslant i \leqslant n$.

3 - Le groupe $\bar{\Gamma}$ est de type fini, et engendré par les homographies $\{\bar{g}_i \ , \ 1 \leqslant i \leqslant n\}$.
3 provient de ce que $\{\bar{g}F \ , \ \bar{g} \in \bar{\Gamma}\}$ forment un pavage de $\mathcal{H}$. Si $\bar{g} \in \bar{\Gamma}$, il existe $\bar{g}'$ appartenant au groupe engendré par les $\bar{g}_i$ tel que $\bar{g}F = \bar{g}'F$, d'où $\bar{g} = \bar{g}'$. En utilisant encore un argument de pavage, on voit que :

4 - Un cycle de F étant une classe d'équivalence de sommets de F dans $\mathcal{H} \cup \mathbb{R} \cup \infty$ modulo $\bar{\Gamma}$, la somme des angles aux sommets d'un cycle est de la forme $2\pi/q$, où q est un entier supérieur à 1 , ou $q = \infty$.

DEFINITION. Un cycle est dit
hyperbolique, si $q = 1$,
elliptique d'ordre q , si $q > 1$, $q \neq \infty$,
parabolique, si $q = \infty$.
L'angle $2\pi/q$ est l'angle du cycle. On notera e_q le nombre de cycles d'angle $\frac{2\pi}{q}$.

DEFINITION. Un point de $\mathcal{H} \cup \mathbb{R} \cup \infty$ est dit elliptique d'ordre q (resp. parabolique ou une pointe) pour $\bar{\Gamma}$ s'il est point double d'une homographie elliptique d'ordre q (resp. parabolique) de $\bar{\Gamma}$.

Il est facile de vérifier que les cycles elliptiques d'ordre q forment un système de représentants modulo $\bar{\Gamma}$ des points elliptiques d'ordre q . Il en est de même pour les points paraboliques. L'intérieur de F ne contient aucun point elliptique, ni parabolique. La réunion de $\mathcal{H}$ et des pointes de $\bar{\Gamma}$ est notée $\mathcal{H}^*$.

Recherche des cycles. On trouve les cycles ainsi : soient $A, B, C, \ldots$ les sommets de F dans $\mathcal{H}^*$ lorsque l'on parcourt la frontière de F dans un sens donné à l'avance. Pour trouver le cycle de A , on parcourt le côté $AB = C_1$ puis le côté congruent $A'B' = g_1(C_1)$ dans le sens choisi. On garde $B' = A_2$, et on parcourt le côté suivant C_2 , puis le côté congruent $g_2(C_2)$ dont on garde l'extrémité $A_3 \ldots$ jusqu'à ce que l'on retrouve $A = A_m$. L'entier m est la longueur du cycle.

EXEMPLES :

1) Le domaine fondamental du groupe modulaire $PSL(2,\mathbb{Z})$

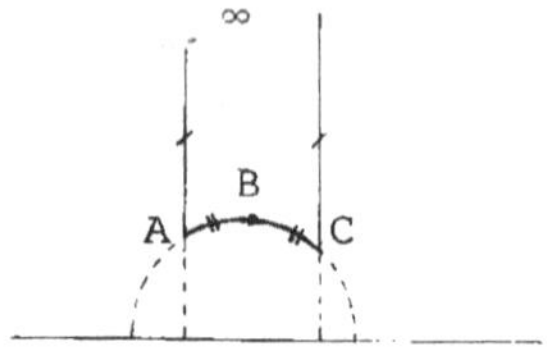

une pointe $\{\infty\}$, un cycle $\{A,C\}$ d'ordre 3 , et un cycle $\{B\}$ d'ordre 2 . Le groupe est engendré par les homographies $z \to z+1$ et $z \to -1/z$.

2)

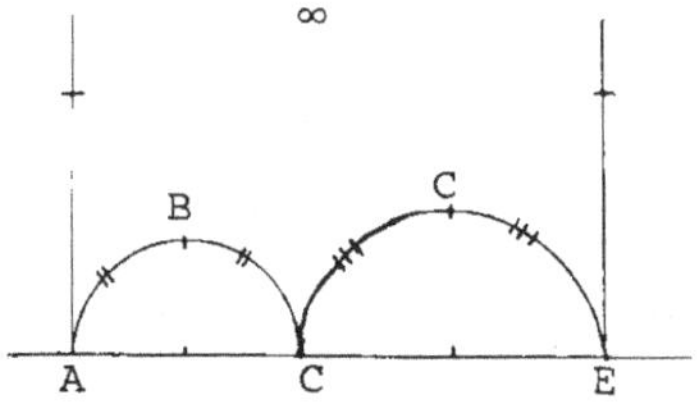

Dans l'exemple donné par la figure ci-contre, nous avons deux pointes $\{A,C,E\}$ et $\{\infty\}$ et deux cycles d'ordre 2 : $\{B\}$, $\{D\}$.

LEMME 2.9. <u>Le nombre de cycles elliptiques d'ordre</u> q <u>est égal à la moitié du nombre de classes de conjugaison de</u> Γ <u>de polynôme caractéristique</u> $X^2 - 2\cos(2\pi/aq)X + 1$, <u>où</u> a <u>est l'ordre du centre de</u> Γ .

PREUVE : Les deux nombres définis par (1), (2) sont égaux à e_q :

(1) Le nombre de classes d'équivalences modulo $\bar{\Gamma}$ de l'ensemble $E_q = \{z \in H \text{, elliptique d'ordre } q\} = \{z \in H , \bar{\Gamma}_z \text{ cyclique d'ordre } q\}$ où $\bar{\Gamma}_z$ est le groupe d'isotropie de z dans $\bar{\Gamma}$.

(2) Le nombre de classes de conjugaison dans Γ des sous-groupes cycliques d'ordre $2q$ si $-1 \in \Gamma$, d'ordre q si $-1 \notin \Gamma$, i.e. d'ordre aq .

Deux éléments g , g' d'ordre aq dans un groupe cyclique d'ordre $aq > a$ contenu dans Γ ne sont pas conjugués. S'ils l'étaient, on aurait $g' = g'' g g''^{-1}$, $g'' \in \Gamma$ et $\bar{g}''(z) = z$. Donc $\bar{g}''$ commuterait avec $\bar{g}$, et $g' = \mp g$. Comme $aq \neq 2$ la trace commune de g et de g' n'est pas nulle, donc $g' = g$.
On en déduit le lemme 2.9.

Ce lemme avec III, 5,14...17 , permet de calculer explicitement les nombres e_q pour les groupes de quaternions.

La surface $\bar{\Gamma}\backslash\mathcal{H}^*$ est compacte. C'est une surface de Riemann (Shimura [6]) localement équivalente à $\mathcal{H}$ si l'on n'est point au voisinage d'un point elliptique. Son <u>genre</u> est donné par la formule classique :

$$2-2g = P+S-A$$

pour toute subdivision polygonale comportant P polygones, S sommets, A arêtes. Soit s le nombre de cycles du domaine fondamental F, et supposons les paires $(C_i, \bar{g}_i(C_i))$ non congrues modulo $\bar{\Gamma}$. On a alors, d'après 2.5 :

$$-\frac{1}{2\pi} \operatorname{vol}(\bar{\Gamma}\backslash\mathcal{H}^*) = 1-n+\sum_{q>1} e_q/q = 1-n+s-\sum_{q>1} e_q \frac{q-1}{q} - e_\infty .$$

On a donc :

PROPOSITION 2.10. <u>Le genre de la surface de Riemann</u> $\bar{\Gamma}\backslash\mathcal{H}^*$ <u>est donné par</u> :

$$2-2g = -\frac{1}{2\pi} \operatorname{vol}(\bar{\Gamma}\backslash\mathcal{H}^*) + \sum_{q\geq 1} e_q \frac{q-1}{q} + e_\infty .$$

COROLLAIRE 2.11. <u>Si</u> Γ <u>ne contient que des éléments hyperboliques</u>, <u>le genre de la surface de Riemann compacte</u> $\bar{\Gamma}\backslash\mathcal{H}$ <u>est strictement supérieur à</u> 2 . <u>Il est donné par</u> :

$$2-2g = -\frac{1}{2\pi} \operatorname{vol}(\bar{\Gamma}\backslash\mathcal{H}^*) .$$

On peut à l'aide de 2.7, 2.8 calculer explicitement le genre des groupes de quaternions. On remarque que g étant un nombre entier, le nombre

$$-\frac{1}{2\pi} \operatorname{vol}(\bar{\Gamma}\backslash\mathcal{H}) \qquad \text{est rationnel.}$$

Ceci suggère de remplacer la mesure hyperbolique par la <u>mesure arithmétique</u>, dite d'Euler-Poincaré :

$$-\frac{dx\,dy}{2\pi\, y^2} .$$

On notera $\operatorname{vol}_a(X)$ la surface d'une aire calculée pour cette mesure. On relie les mesures de Tamagawa et les mesures arithmétiques avec 2.7

$$\operatorname{vol}_a(\bar{\Gamma}\backslash\mathcal{H}) = -\pi^{-2} \operatorname{vol}(\Gamma\backslash SL(2,\mathbb{R})) \times \begin{cases} 1 & \text{si } -1\in\Gamma \\ 1/2 & \text{si } -1\notin\Gamma \end{cases} .$$

On déduit des exemples 5), 6) du §1 le corollaire suivant.

COROLLAIRE 2.12. <u>Si</u> K <u>est un corps totalement réel</u>, <u>alors</u> $\zeta_K(-1)$ <u>est rationnel</u>.

C'est un cas particulier du théorème de Siegel affirmant que les nombres $\zeta_K(1-n)$ pour $n\geq 1$ sont des nombres rationnels.

Le nombre e_∞ de pointes pour un groupe arithmétique n'est pas nul si et seulement si ce groupe est commensurable à $PSL(2,\mathbb{Z})$. Pour les groupes de congruence $\Gamma(N)$ et $\Gamma_o(N)$, les formules pour le nombre de pointes peuvent être trouvées dans le livre de Shimura [6], p. 25.

EXERCICE. Soit le <u>groupe des automorphismes propres de la forme quadratique</u>

$$x^2 + y^2 - D(z^2+t^2)$$

où D est un nombre entier supérieur ou égal à 1. Montrer que :

1) Γ est le groupe des unités de norme réduite 1 de l'ordre $\mathfrak{O} = \mathbb{Z}[1,i,j,ij]$ de l'algèbre de quaternions $H/\mathbb{Q}$ engendrée par les éléments i,j vérifiant :

$$i^2 = -1 \ , \ j^2 = D \ , \ ij = -ji \ .$$

2) Le volume V d'un domaine fondamental de Γ dans $\mathcal{H}_2$ pour la métrique hyperbolique est donné par la <u>formule de Humbert</u> :

$$V = D \prod_{\substack{p|D \\ p\neq 2}} \left(1 + \left(\frac{-1}{p}\right)p^{-1}\right) \ .$$

Indications : écrire $V = \frac{\pi}{3} \prod_{p|D} V_p$, où

$V_2 = 2^{m+1}(1+\frac{1}{2})$ si $2^m \| D$,

$V_p = p^m(1 + (\frac{-1}{p})\ p^{-1})$ si $p^m \| D$.

Puis comparer V_p avec le volume de $\mathfrak{O}_p^1$ pour la mesure de Tamagawa.

3 EXEMPLES ET APPLICATIONS

A <u>Groupes de congruences</u>. $H/\mathbb{Q}$ est une algèbre de quaternions contenue dans $M(2,\mathbb{R})$, de discriminant réduit D, et Γ est un <u>groupe de congruence</u> de H de niveau $N = N_o\ N_1\ N_2$, définition exemple 4) du §1. Le genre g de $\bar{\Gamma}\backslash\mathcal{H}_2^*$ est donné par :

$$2-2g = \mathrm{vol}_a(\bar{\Gamma}\backslash\mathcal{H}_2) + e_2/2 + 2e_3/3 + e_\infty \ .$$

Le volume de $\bar{\Gamma}\backslash\mathcal{H}_2$ calculé pour la mesure d'Euler-Poincaré est égal à :

$$\mathrm{vol}_a(\bar{\Gamma}\backslash\mathcal{H}_2) = -\frac{1}{6} \prod_{p|D} (p-1) \ . \ N_oN_1^2N_2^3 \ . \prod_{p|N_o} (1+p^{-1}) \ . \prod_{p|N_1N_2} (1-p^{-2}) \ . \ (1/2)$$

en posant $(1/2) = 1$ si $N_1N_2 \leqslant 2$ et $(1/2) = 1/2$ sinon.

Les extensions cyclotomiques quadratiques de $\mathbb{Q}$ étant $Q(x)$ et $Q(y)$ avec x, y solutions de $x^2+1=0$ et $y^2+y+1=0$, et racines de l'unité d'ordre 2 et 3, on voit que $e_q=0$ si $q\neq 2,3$. On vérifie aussi que les équations ci-dessus n'ont pas de solutions dans Γ si $N_2>1$ ou si $N_1>2$. Comme $\mathbb{Z}[x]$ et $\mathbb{Z}[y]$ sont des ordres maximaux dans $\mathbb{Q}(x)$ et $\mathbb{Q}(y)$, d'après le chapitre II, exercice 3.1, on a $e_2=0$ si $4\mid N$ et $e_3=0$ si $9\mid N$. Sinon e_2 et e_3 se calculent avec III,5.17. La condition d'Eichler étant vérifiée, un ordre $\mathcal{O}$ contient un élément de norme réduite -1, et si $B=\mathbb{Z}[x]$ ou $\mathbb{Z}[y]$, on a $[n(\mathcal{O}^\cdot):n(B^\cdot)]=2$. On a donc, si $N=N_0$,

$$e_2 = \prod_{p\mid D}\left(1-\left(\frac{-4}{p}\right)\right)\prod_{p\mid N}\left(1+\left(\frac{-4}{p}\right)\right) \quad \text{si } 4\nmid N ,$$

$$e_3 = \prod_{p\mid D}\left(1-\left(\frac{-3}{p}\right)\right)\prod_{p\mid N}\left(1+\left(\frac{-3}{p}\right)\right) \quad \text{si } 3\nmid N .$$

On peut sans difficulté poursuivre les calculs pour tout N, en utilisant II.3, si cela est nécessaire.

Références : Les formules pour le volume et le nombre de points elliptiques d'ordre donné sont bien connues. Voici une liste d'articles où elles sont usilisées, et souvent redémontrées dans des cas particuliers faute de références générales: Eichler [7], [8]...[14], Fueter [1], Hashimoto [1], Hijikata [1], Pizer [1] à [5], Ponomarev [1] à [5], Prestel [1], Schneider [1], Shimizu [1] à [3], Vignéras [1] à [3], Vignéras-Guého [1] à [3], Yamada [1].
On les voit apparaître en particulier dans toutes les formules explicites de traces des opérateurs de Hecke. Ceci explique leur intérêt dans la théorie des formes automorphes.

B Normalisateurs (Michon [1]). On se donne un corps de quaternions sur $\mathbb{Q}$, plongé dans $M(2,\mathbb{R})$ de discriminant réduit $D=p_1\dots p_{2m}$. Soit $\mathcal{O}$ un ordre maximal. En utilisant III, exercice 5.4, on voit que son normalisateur $N(\mathcal{O})$ vérifie :

$$N(\mathcal{O})/\mathcal{O}^\cdot\mathbb{Q}^\cdot \simeq (\mathbb{Z}/2\mathbb{Z})^{2m} .$$

Les éléments de $N(\mathcal{O})$ de norme réduite positive forment un groupe. Son image par l'application $x\to xn(x)^{-\frac{1}{2}}$ est un sous-groupe de $SL(2,\mathbb{R})$, noté G. Le groupe $\mathcal{O}^1=\Gamma$ est distingué dans G et

$$G/\Gamma \simeq (\mathbb{Z}/2\mathbb{Z})^{m} .$$

On définit ainsi un revêtement $\bar{\Gamma}\backslash\mathcal{H}\to\bar{G}\backslash\mathcal{H}$ de degré 2^{2m}. Explicitement, les éléments de G s'écrivent $xn(x)^{-\frac{1}{2}}$ avec $x\in\mathcal{O}$ et $n(x)\mid D$. On note $e_q(\Gamma)$, $e_q(G)$ les nombres de cycles elliptiques de Γ, G d'ordre q.

LEMME 3.1. <u>Les volumes de</u> $\bar{\Gamma}\backslash\mathcal{H}$ <u>et</u> $\bar{G}\backslash\mathcal{H}$ <u>pour la mesure d'Euler-Poincaré, notés</u> V_Γ <u>et</u> V_G <u>sont</u> :

$$V_\Gamma = -\frac{1}{6} \prod_{p|D} (p-1) \quad , \quad V_G = 2^{-2m}\, V_\Gamma \; .$$

<u>Les genres de</u> $\bar{\Gamma}\backslash\mathcal{H}$, $\bar{G}\backslash\mathcal{H}$, <u>notés</u> g_Γ <u>et</u> g_G <u>vérifient</u> :

$$2 - 2g_\Gamma = V_\Gamma + \frac{1}{2}\, e_2(\Gamma) + \frac{2}{3}\, e_3(\Gamma)$$

$$2 - 2g_G = V_G + \frac{1}{2}\, e_2(G) + \frac{2}{3}\, e_3(G) + \frac{3}{4}\, e_4(G) + \frac{5}{6}\, e_6(G) \; .$$

PREUVE : Les assertions pour Γ résultent de l'exemple 2.1. Pour G , il suffit de vérifier que les valeurs possibles pour les ordres des groupes cycliques contenus dans G sont $1, 2, 4, 6, 8, 12$. Cela vient de la structure de G/Γ , et de l'ordre des groupes cycliques dans Γ .

Les formules pour $e_q(G)$ ne sont pas aussi simples que pour $e_q(\Gamma)$ mais s'obtiennent élémentairement.

Le tableau suivant donne la liste de toutes les surfaces $\bar{\Gamma}\backslash\mathcal{H}$ de genre 0 , 1 ou 2

D	2.3	2.5	2.11	2.7	2.17	2.23	3.5	3.7	3.11	2.13	2.19	2.29
V_Γ	-1/3	-2/3	-5/3	-1	-8/3	-11/3	-4/3	-2	-10/3	-2	-3	-14/3
$e_2(\Gamma)$	2	0	2	2	0	2	0	4	4	0	2	0
$e_3(\Gamma)$	2	4	4	0	4	4	2	0	2	0	0	4
g_Γ	0	0	0	1	1	1	1	1	1	2	2	2
V_G	-1/12	-1/6	-5/12	-1/4	-2/3	-11/12	-1/3	-1/2	-5/6	-1/2	-3/4	-7/6
$e_2(G)$	1	3	2	3	4	3	3	5	4	5	4	5
$e_3(G)$	0	1	1	0	1	1	0	0	0	0	0	1
$e_4(G)$	1	0	1	1	0	1	0	0	0	0	1	0
$e_6(G)$	1	0	0	0	0	0	1	0	1	0	0	0
g_G	0	0	0	0	0	0	0	0	0	0	0	0

table 1

En utilisant les résultats de Ogg sur les surfaces de Riemann hyperelliptiques de genre $g \geqslant 2$, on peut déterminer les surfaces $\bar{\Gamma}\backslash\mathcal{H}$ de genre $g \geqslant 2$ qui sont hyperelliptiques. Dans tous les cas, l'involution hyper-

elliptique est induite par un élément de G .
On note π_i un élément de $\mathcal{O}$ de norme réduite p_i $(1 \leqslant i \leqslant 2m)$ et g_d l'élément de G défini par

$$g_d = d^{-\frac{1}{2}}\, \pi_1^{\varepsilon_1} \cdots \pi_{2m}^{\varepsilon_{2m}} \quad \text{pour} \quad d = \pi_1^{\varepsilon_1} \cdots \pi_{2m}^{\varepsilon_{2m}} \,, \quad \varepsilon_i = 0 \text{ ou } 1 \,.$$

Le tableau suivant donne la liste des surfaces $\bar{\Gamma}\backslash\mathbb{H}$ hyperelliptiques avec leur genre et l'élément de G qui induit l'involution hyperelliptique :

D	w	g_Γ	D	w	g_Γ	D	w	g_Γ
2.13	$g_{2.13}$	2	3.13	$g_{3.13}$	3	5.7	$g_{5.7}$	3
2.19	$g_{2.19}$	2	3.17	$g_{3.17}$	3	5.11	$g_{5.11}$	3
2.29	g_{29}	2	3.19	g_{19}	3	5.19	$g_{5.19}$	7
2.31	$g_{2.31}$	3	3.23	$g_{3.23}$	3	7.17	$g_{7.17}$	9
2.37	$g_{2.37}$	4	3.29	$g_{3.29}$	5			
2.41	g_{41}	3	3.31	g_{31}	5			
2.43	$g_{2.43}$	4	3.37	$g_{3.37}$	7			
2.47	$g_{2.47}$	3	3.53	$g_{3.53}$	9			
2.67	$g_{2.67}$	6						
2.73	$g_{2.73}$	7						
2.97	$g_{2.97}$	9						
2.103	$g_{2.103}$	9						

Table 2.

C <u>Construction d'un domaine fondamental pour</u> Γ <u>et</u> G <u>dans le cas où</u> $D = 15$ (Michon [1]). L'algèbre de quaternions est engendrée par i , j vérifiant

$$i^2 = 3 \quad j^2 = 5 \quad ij = -ji \,.$$

L'ordre $\mathcal{O}$ engendré sur $\mathbb{Z}$ par

$$1 \,,\; i \,,\; (1+j)/2 \,,\; (i+k)/2$$

est maximal. Il admet la représentation matricielle

$$\mathcal{O} = \left\{ \frac{1}{2}\begin{pmatrix} x & \sqrt{5}\, y \\ \sqrt{5}\, \bar{y} & \bar{x} \end{pmatrix}, \text{ où } x,y \in \mathbb{Q}(\sqrt{3}) \text{ sont entiers, et } x \equiv y \pmod 2 \right\} .$$

Le groupe $\Gamma = \mathcal{O}^1$ est formé des matrices précédentes telles que :

(1) $$n(x) - 5n(y) = 4 \,.$$

Le groupe G normalisant Γ est formé des matrices vérifiant :

(2) $$n(x) - 5n(y) = 4,\ 12,\ 20 \text{ ou } 60$$

divisées par la racine carrée de leur déterminant.

Les points fixes dans $\mathbb{C}$ d'un élément de G sont distincts et donnés par :

$$Z = \frac{b\sqrt{3} \mp \sqrt{a^2-4}}{\sqrt{5}\ \bar{y}} \quad \text{si} \quad x = a+b\sqrt{3}\ ,\ a,b \in \mathbb{Z}\ .$$

Les points fixes elliptiques correspondent à $a=-1,\ 0,$ ou 1 . On peut se restreindre à $a=0$ ou 1 , car un changement de signe de la matrice ne change pas l'homographie. Les points elliptiques sont répartis sur les demi-droites issues de l'origine et de pente b^{-1} . Tous les points elliptiques situés sur une demi-droite admissible s'obtiennent en résolvant l'équation :

(3) $$-5\ n(y) = 4 - n(x)\quad ,\ y \text{ entier dans } \mathbb{Q}(\sqrt{3})\ .$$

Si Z_o est un point elliptique, on voit que $\varepsilon^n Z_o$, $n \in \mathbb{Z}$ est aussi un point elliptique, si ε est l'unité fondamentale de $\mathbb{Q}(\sqrt{3})$. Soit η l'unité fondamentale de $\mathbb{Q}(\sqrt{5})$ à savoir $\frac{1}{2}(1+\sqrt{5})$. Elle est de norme -1 . Considérons son carré η^2 plongé dans Γ , d'image :

$$k = \frac{1}{2}\begin{pmatrix} 3 & \sqrt{5} \\ \sqrt{5} & 3 \end{pmatrix}\ .$$

Pour des raisons de symétrie, $k^n(Z_o)$, $n \in \mathbb{Z}$ est aussi un point elliptique.

Les premières valeurs de b telles que l'équation (3) ait des solutions sont $b = \mp 2\ ,\ \mp 8$. Pour $b=2$ elle devient :

$$-n(y) = 3\quad ,\ y \text{ entier dans } \mathbb{Q}(\sqrt{3})\ .$$

Pour $b=8$, elle devient :

$$-n(y) = 37\quad ,\ y \text{ entier dans } \mathbb{Q}(\sqrt{3})\ .$$

Notons :

$$A = \frac{1}{\sqrt{5}}\ \frac{2+i}{2-\sqrt{3}}\quad ,\quad C = \frac{1}{\sqrt{5}}\ \frac{8+i}{4+\sqrt{3}}\quad ,\quad C' = \frac{1}{\sqrt{5}}\ \frac{8+i}{4-\sqrt{3}}\ .$$

L'ensemble des points elliptiques sur la droite de pente $1/2$ est $\{\varepsilon^n A\ ,\ n \in \mathbb{Z}\}$; sur la droite de pente $1/8$, c'est $\{\varepsilon^n C\ ,\ \varepsilon^n C'\ ,\ n \in \mathbb{Z}\}$. Notons B , B' les symétriques de A , A' par rapport à l'axe imaginaire avec $A' = \varepsilon^2 A$.

LEMME 3.2. <u>L'hexagone hyperbolique</u> BACC'A'B' <u>est un domaine fondamental de</u> Γ .

PREUVE : Soit

$$h = \begin{pmatrix} \varepsilon & 0 \\ 0 & \bar{\varepsilon} \end{pmatrix} \qquad \ell = \frac{1}{2}\begin{pmatrix} -4+\sqrt{3} & -\sqrt{15} \\ \sqrt{15} & -4-\sqrt{3} \end{pmatrix} .$$

On a : $A' = h(A)$, $B' = h(B)$

$C = k(B)$, $C' = k(B')$

$A = \ell(A')$, $C = \ell(C')$.

L'hexagone a pour angles aux sommets $\pi/6$ en B, B', C, C' et $\pi/3$ en A, A' . C'est un domaine fondamental pour le groupe

$$\langle \ell, h, k \rangle$$

engendré par ℓ, h, k . Il a deux cycles $\{A, A'\}, \{B, B', C, C'\}$ chacun d'ordre 3 . Son volume hyperbolique est

$$(6-2)\pi - 2.\frac{2\pi}{3} = \frac{8\pi}{3} .$$

D'autre part, pour la mesure hyperbolique le volume de $\bar{\Gamma}\backslash\mathcal{H}$ est d'après le premier tableau de l'exercice précédent égal à $8\pi/3$. Donc $\Gamma = \langle \ell, h, k \rangle$ et le polygone est fondamental. Les mêmes procédés permettent de traiter de la même façon le cas de G .

On note :

$$E = \frac{i}{2+\sqrt{3}} \;,\quad E' = \frac{i}{2-\sqrt{3}} \;,\quad F = i \;,\quad H = -\frac{1+2i}{\sqrt{5}} \;,$$

$$u = \begin{pmatrix} 0 & -\sqrt{15} \\ \sqrt{15} & 0 \end{pmatrix} , \quad v = \frac{1}{2}\begin{pmatrix} -\sqrt{3} & -\sqrt{15} \\ \sqrt{15} & \sqrt{3} \end{pmatrix} .$$

La transformation u fixe F et échange E et E' .
La transformation v fixe H et échange B et B' .

LEMME 3.3. <u>Le quadrilatère hyperbolique</u> BEE'B' <u>est un domaine fondamental de</u> G . <u>Les transformations</u> h , $u/\sqrt{15}$, $v/\sqrt{3}$ <u>engendrent</u> G .

Son aire est $8\pi/6$.

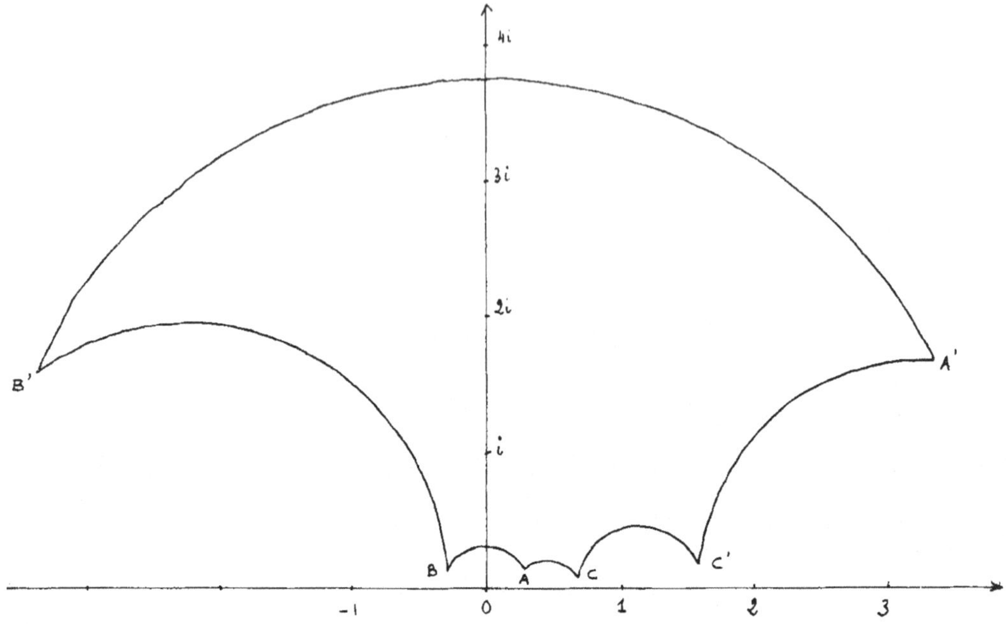

Domaine fondamental de Γ

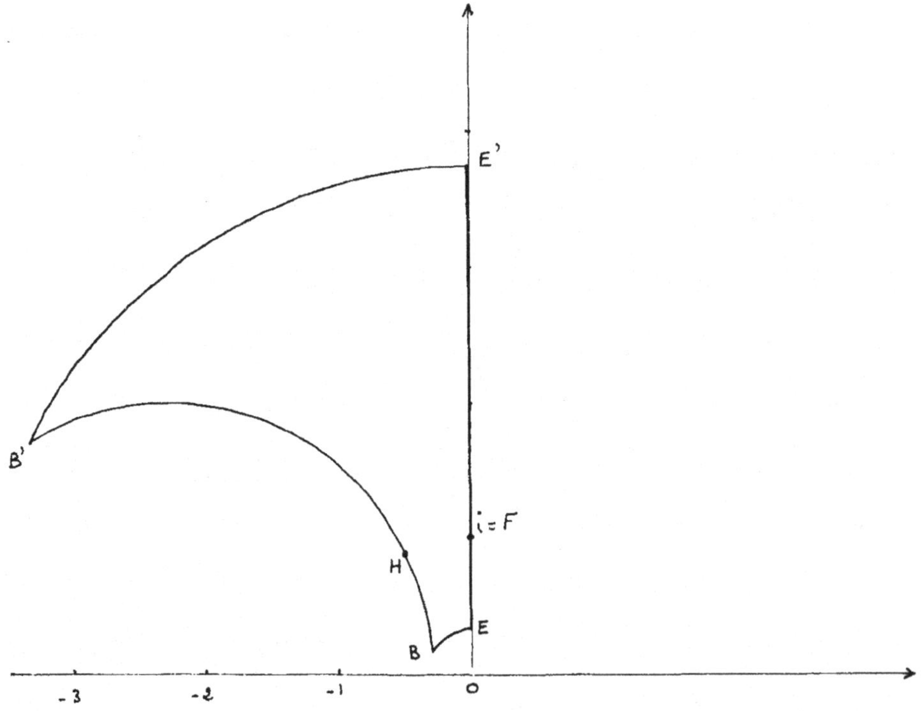

Domaine fondamental de G

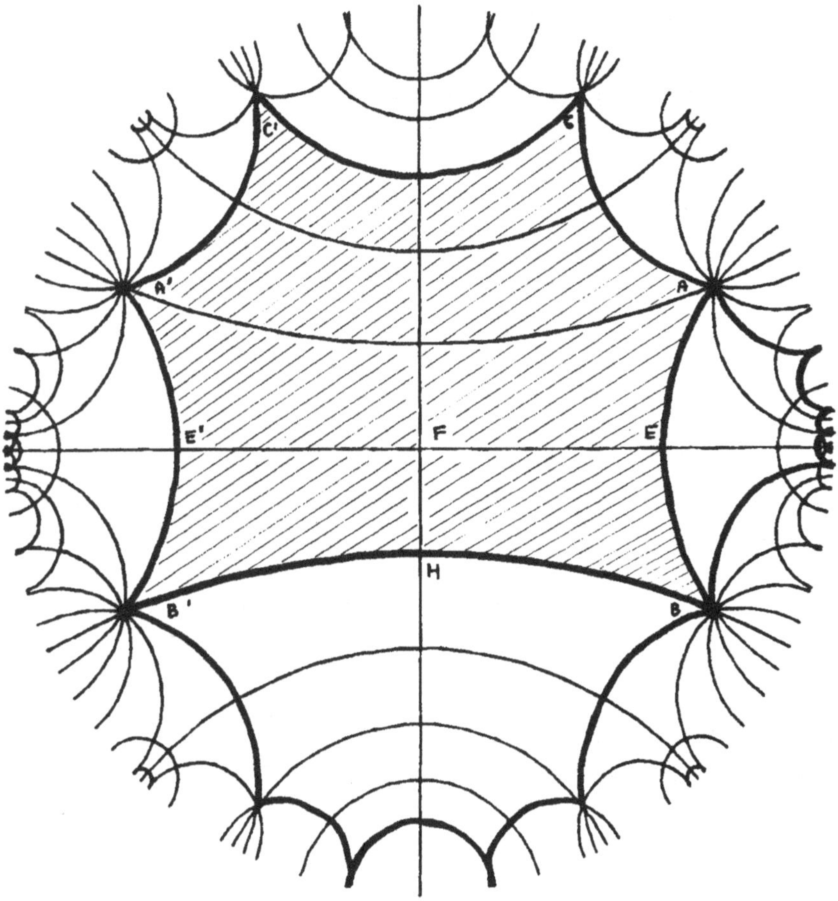

Dans le disque unité.

Ce dessin a été fait par C. Léger.

D <u>Courbes géodésiques minimales</u>.

DEFINITION. Soit g une matrice hyperbolique de Γ, de norme N. Soit P un point de la géodésique de $\mathcal{H}$ joignant les points doubles de $\bar{g}$. L'image dans $\bar{\Gamma}\backslash\mathcal{H}$ du segment orienté de géodésique joignant P à $g(P)$ est une courbe fermée orientée, indépendante de P, de longueur $\operatorname{Log}N$, appelée la <u>courbe géodésique minimale de</u> $\bar{g}$.

DEFINITION. Un élément $\bar{g} \in \bar{\Gamma}$ est <u>primitif</u> s'il n'est pas puissance d'un autre élément de $\bar{\Gamma}$ avec un exposant strictement supérieur à 1. Sa classe de conjugaison dans $\bar{\Gamma}$ est dite <u>primitive</u>.

Si $\bar{g}$ est primitif, hyperbolique, il engendre le groupe cyclique des éléments de $\bar{\Gamma}$ ayant les mêmes points fixes. Sa courbe géodésique minimale est parcourue une seule fois. Si $g' = g^m$, $m \in \mathbb{Z}$, $m \neq 0$, la norme de g' est N^m, et la courbe géodésique minimale de g' est la courbe obtenue en parcourant m fois celle de g, dans le même sens si $m > 0$, en sens contraire sinon. Les courbes géodésiques minimales de $\bar{g}, \bar{g}' \in \bar{\Gamma}$ hyperboliques sont les mêmes si et seulement si $\bar{g}$ et $\bar{g}'$ sont conjugués dans $\bar{\Gamma}$. On a aisément le résultat suivant :

LEMME 3.4. <u>Le nombre de courbes géodésiques minimales de longueur</u> $\operatorname{Log}N$ <u>est égal au nombre de classes de conjugaison de</u> $\bar{\Gamma}$ <u>de norme</u> N. <u>C'est aussi le nombre de classes de conjugaison des éléments de</u> Γ <u>de polynôme caractéristique</u> $X^2 - (N^{\frac{1}{2}}+N^{-\frac{1}{2}})X + 1$. <u>On le note</u> $e(N)$.

On remarque que si g, g^{-1} sont conjugués dans Γ, il existe $x \in \Gamma$ vérifiant :

$$xgx^{-1} = g^{-1} \implies x^2 \in \mathbb{R}(x) \cap \mathbb{R}(g) = \mathbb{R}$$

donc $x^2 = -1$. Si Γ ne contient pas de tels éléments, $e(N)$ est pair. Pour les groupes de quaternions, $e(N)$ se calcule explicitement (III,5).

EXEMPLE : Γ est le groupe des unités de norme réduite 1 d'un ordre maximal du corps de quaternions sur $\mathbb{Q}$ de discriminant réduit 26.

On a les résultats suivants :

1) Γ se plonge dans $SL(2,\mathbb{R})$, car $26 = 2.13$ est le produit d'un nombre pair de facteurs premiers.

2) Γ ne contient pas d'élément parabolique d'après 1.1.

3) Γ ne contient pas d'élément elliptique, car $\left(\frac{-1}{13}\right) = \left(\frac{-3}{13}\right) = 1$, d'après III,3.5 .

4) Le genre g de $\bar{\Gamma}\backslash\mathcal{H}$ est égal à 2 , car d'après A ,

$$g = 1 + \frac{1}{12}(2-1)(13-1) = 2 .$$

5) Les classes de conjugaison de $\bar{\Gamma}$ hyperboliques, ont pour norme ε^{2m}, $m \geqslant 1$, où ε parcourt les unités fondamentales de norme 1 des corps quadratiques réels, dans lesquels ni 2 ni 13 ne se décomposent.

6) Le nombre de classes de conjugaison primitives de $\bar{\Gamma}$, de norme réduite ε^{2m} est égal à :

$$(2)h(B) \prod_{p=2,13} (1-(\frac{B}{p}))$$

où $(2) = 1$ ou 2 selon que $\mathbb{Q}(\varepsilon)$ contient une unité de norme -1 ou non, où B parcourt les ordres de $\mathbb{Q}(\varepsilon)$ dont le groupe des unités de norme 1 est engendré par ε^{2m} , et le nombre de classes de B est relié à celui de $L = \mathbb{Q}(\varepsilon)$ par la formule :

$$h(B) = h_L \; f(B) \; [R_L^{\cdot}:B^{\cdot}]^{-1} \prod_{p|f(B)} (1-(\frac{L}{p})p^{-1})$$

avec R_L = anneau des entiers de L , de nombre de classes h_L , $f(B)$ = conducteur de B .

EXEMPLE : $\bar{\Gamma}$ <u>est le groupe modulaire</u> $PSL(2,\mathbb{Z})$. On a $e_2 = 1$, $e_3 = 1$, $e_\infty = 1$ et le genre de la surface $\bar{\Gamma}\backslash\mathcal{H}_2^*$ est 0 , car

$$g = 1 + 1/12 - e_2/4 - e_3/3 - e_\infty/2 = 0 .$$

Le nombre de classes de conjugaison primitives hyperboliques de norme donnée est

$$(2)\,\Sigma\, h(B)$$

avec les mêmes notations que dans l'exemple précédent.

E <u>Exemples de surfaces riemanniennes isospectrales non isométriques</u>.

Les <u>invariants numériques</u> suivants :

- $\mathrm{vol}(\bar{\Gamma}\backslash\mathcal{H})$
- e_q = nombre de points elliptiques d'ordre q de $\bar{\Gamma}\backslash\mathcal{H}$
- e_∞ = nombre de pointes de $\bar{\Gamma}\backslash\mathcal{H}$
- $e(N)$ = nombre de géodésiques minimales de longueur $\mathrm{Log}N$ de $\bar{\Gamma}\backslash\mathcal{H}$

ne dépendent que de la classe d'isométrie de la surface $\bar{\Gamma}\backslash\mathcal{H}$.

En utilisant les propriétés de la fonction zêta de Selberg (Cartier-

Hejhal-Selberg), on peut démontrer :

- la donnée du spectre pour le laplacien hyperbolique dans $L^2(\bar{\Gamma}\backslash\mathcal{H})$ est équivalente à celle des invariants

- deux groupes ayant les mêmes invariants, sauf pour un nombre fini d'entre eux, ont les mêmes invariants.

On peut se demander si deux surfaces $\bar{\Gamma}\backslash\mathcal{H}$, $\bar{\Gamma}'\backslash\mathcal{H}$ ayant les mêmes invariants numériques sont isométriques. La réponse est NON. On se restreint à des groupes Γ cocompacts, sans éléments elliptiques. Nos exemples utilisent les groupes de quaternions. Dans ces exemples, comme dans les tores de dimension 16 de Milnor [1], deux variétés riemanniennes isospectrales possèdent des recouvrements isométriques de degré fini. Cela provient de la nature arithmétique de ces exemples.

On notera la terminologie : une surface riemannienne est une surface, munie d'une métrique riemannienne. Deux surfaces riemanniennes sont égales si elles sont isométriques.

Ils découlent de la simple observation que les ordres d'Eichler de niveau N dans un corps de quaternions H/K sur un corps de nombres totalement réel K tel qu'il existe une et une seule place infinie de K non ramifiée dans H, définissent des surfaces ayant les mêmes invariants. Or, il est bien connu que l'on peut choisir K tel que le nombre de classes de K soit divisible par une puissance de 2 aussi grande qu'on le souhaite. On peut par exemple prendre pour K un corps quadratique réel dont le discriminant est divisible par un grand nombre de nombres premiers. La formule pour le nombre de types d'ordres entraîne alors que l'on peut choisir K, H, N tel que le nombre de types des ordres d'Eichler de niveau N dans H est aussi grand qu'on le désire (III,5.7).
Examinons alors la condition d'isométrie pour deux surfaces riemanniennes compactes. On fixe les notations : H'/K' et H/K sont deux corps de quaternions vérifiant les conditions précédentes, et ne contenant aucune racine de l'unité différente de ∓ 1. Soient $\mathcal{O}$ et $\mathcal{O}'$ deux ordres de H' et H sur les anneaux des entiers R' et R des centres K' et K respectivement. On dit qu'un automorphisme σ de $\mathbb{C}$ est un automorphisme complexe. On suppose que K et K' sont plongés dans $\mathbb{C}$. On note $\sigma(H)$ le corps de quaternions sur $\sigma(K)$ tel que

Ram $\sigma(H) = \{\sigma(v)\ ,\ v \in \text{Ram } H\}$. On note encore σ un isomorphisme de H dans $\sigma(H)$ prolongeant $\sigma : K \to \sigma(K)$.

EXEMPLE : Si $H = \{a,b\}$ est la K-algèbre de base i , j liés par :

$$i^2 = a\ ,\ j^2 = b\ ,\ ij = -ji\ ,$$

où a , b sont des éléments non nuls de K , alors $\sigma(H) = \{\sigma(a),\sigma(b)\}$ est la K-algèbre de base $\sigma(i)$, $\sigma(j)$ liés par :

$$\sigma(i)^2 = \sigma(a)\ ,\ \sigma(j)^2 = \sigma(b)\ ,\ \sigma(i)\sigma(j) = -\sigma(j)\sigma(i)\ .$$

On note $\sigma(K)$ et $\sigma(K')$ les plongements de K et K' dans $\mathbb{R}$ tels que $H \otimes \mathbb{R}$ et $H' \otimes \mathbb{R}$ soient isomorphes à $M(2,\mathbb{R})$. On peut supposer que $\sigma(H)$ et $\sigma'(H')$ sont contenues dans $M(2,\mathbb{R})$. Les images $\sigma(\mathcal{O}^1)$ et $\sigma'(\mathcal{O}'^1)$ sont les groupes notés précédemment Γ et Γ' . Leurs images canoniques dans $PSL(2,\mathbb{R})$ sont notées $\bar{\Gamma}$ et $\bar{\Gamma}'$.

THEOREME 3.5. <u>Les surfaces riemanniennes $\bar{\Gamma}\backslash\mathbb{H}_2$ et $\bar{\Gamma}'\backslash\mathbb{H}_2$ sont isométriques si et seulement s'il existe un automorphisme complexe σ tel que</u> :

$$H' = \sigma(H)\ ,\ \mathcal{O}' = \sigma(a\mathcal{O}a^{-1})\ ,\ a \in H^{\cdot}\ .$$

PREUVE : On démontre d'abord que $H = \mathbb{Q}(\mathcal{O}^1)$. Ce résultat est vrai sous des hypothèses générales. Soit (e) une base de H/K contenue dans $\mathcal{O}^1$. Tout élément de $\mathbb{Q}(\mathcal{O}^1)$ est de la forme $x = \Sigma\, a_e\, e$, où les coefficients a_e appartiennent à K . La trace réduite étant non-dégénérée, le système de Cramer $t(xe') = \Sigma\, a_e\, t(ee')$ se résout. Les coefficients a_e appartiennent donc comme $t(xe')$ à $\mathbb{Q}(\mathcal{O}^1)$. Posons $k = K \cap \mathbb{Q}(\mathcal{O}^1)$. Nous venons de démontrer que $\mathbb{Q}(\mathcal{O}^1) = k(e)$. On en déduit que $\mathbb{Q}(\mathcal{O}^1)$ est une algèbre centrale simple sur k de dimension 4 . Elle est simple car par produit tensoriel sur k avec K , elle devient simple. Donc $\mathbb{Q}(\mathcal{O}^1)$ est une algèbre de quaternions sur k . Une place infinie w de k se prolongeant en une place v de K ramifiée dans H est certainement ramifiée dans $\mathbb{Q}(\mathcal{O}^1)$. Une place infinie w de k non ramifiée dans $\mathbb{Q}(\mathcal{O}^1)$ a tous ses prolongements v dans K non ramifiés dans H . Une place w associée à un plongement réel $i_w : k \to \mathbb{R}$ se prolonge en $[K:k]$ places réelles. On déduit de (1.1) que $k=K$.

Toute isométrie de $\bar{\Gamma}\backslash\mathbb{H}_2$ sur $\bar{\Gamma}'\backslash\mathbb{H}_2$ se relève en une isométrie du recouvrement universel $\mathbb{H}_2$. Les isométries de $\mathbb{H}_2$ forment un groupe isomorphe à $PGL(2,\mathbb{R})$. On en déduit que $\bar{\Gamma}\backslash\mathbb{H}_2$ et $\bar{\Gamma}'\backslash\mathbb{H}_2$ sont isométriques si et seulement si Γ et Γ' sont conjugués dans $GL(2,\mathbb{R})$. D'où $\mathbb{Q}(\sigma(\mathcal{O}^1))$ et $\mathbb{Q}(\sigma'(\mathcal{O}'^1))$ sont conjugués dans $GL(2,\mathbb{R})$. Le centre reste fixe, donc $\sigma(K) = \sigma'(K')$. Les algèbres de quaternions $\mathbb{Q}(\sigma(\mathcal{O}^1))$ et

$\mathbb{Q}(\sigma'(\mathcal{O}'^{1}))$ sont donc isomorphes. On peut supposer qu'elles sont égales. Tout automorphisme d'une algèbre de quaternions est intérieur, donc il existe $a \in H^{\cdot}$ tel que $\sigma'(\mathcal{O}') = \sigma(a\mathcal{O}a^{-1})$. On a donc $H' = \sigma'^{-1}\sigma(H)$ et $\mathcal{O}' = \sigma'^{-1}\sigma(a\mathcal{O}a^{-1})$.

Il est clair que cette démonstration se généralise aux variétés riemanniennes $\bar{\Gamma}\backslash X$, où X est un produit de $\mathcal{H}_2$ et $\mathcal{H}_3$, et où $\bar{\Gamma}$ est l'image d'un groupe de quaternions. Le groupe des isométries de X se détermine grâce au théorème de de Rham [1].

COROLLAIRE 3.6. <u>Si le nombre de types d'ordres de</u> H <u>est supérieur au degré</u> $[K:\mathbb{Q}]$, <u>alors il existe dans</u> H <u>deux ordres maximaux</u> $\mathcal{O}$ <u>et</u> $\mathcal{O}'$ <u>tels que les surfaces</u> $\bar{\Gamma}\backslash\mathcal{H}$, $\bar{\Gamma}'\backslash\mathcal{H}$ <u>soient isospectrales, mais non isométriques</u>.

En effet, le nombre de conjugués $\sigma(H)$ de H est majoré par le degré $[K:\mathbb{Q}]$. Le corollaire pourrait être grandement raffiné, si nécessaire, en considérant :

- des ordres non maximaux
- une majoration de $\mathrm{Card}\{\sigma(H)\}$ meilleure, fonction des données (K,H).

EXEMPLE : On peut supposer que K est un corps quadratique réel, dont le nombre de classes est supérieur ou égal à 4, par exemple $\mathbb{Q}(\sqrt{82})$. On suppose que $\mathrm{Ram}\,H$ est constituée d'une place infinie exactement et de places finies telles que tous les idéaux premiers associés soient principaux. Alors il existe au moins 4 types d'ordres maximaux, et l'on peut construire des surfaces riemanniennes isospectrales mais non isométriques. On peut aisément calculer le genre des surfaces obtenues, avec la formule du genre et les tables de $\zeta_K(-1)$ calculées par Cohen [1].

EXEMPLE : H est le corps de quaternions sur $K = \mathbb{Q}(\sqrt{10})$ ramifié en une place infinie, et sur les idéaux premiers principaux (7), (11), $(11+3\sqrt{10})$. H ne contient pas de racines de l'unité autres que ∓ 1 car (7) se décompose dans les deux extensions quadratiques cyclotomiques de K qui sont $K(\sqrt{-1})$ et $K(\sqrt{-3})$. H n'est fixe par aucun $\mathbb{Q}$-automorphisme et contient deux types d'ordres maximaux, car le nombre de classes de $\mathbb{Q}(\sqrt{10})$ est 2. Les groupes d'unités de norme réduite 1 de deux ordres maximaux non équivalents permettent de construire deux surfaces isospectrales et non isométriques.

REMARQUE. La construction se généralise et permet de construire des variétés riemanniennes isospectrales, irréductibles, et non isométriques en toute dimension $n \geq 2$.

F <u>Espace hyperbolique de dimension</u> 3 . On étend une homographie complexe en une transformation de $\mathbb{R}^3$. Toute homographie complexe est un produit pair d'inversions par rapport à des cercles du plan, identifié à $\mathbb{C}$. Considérons les sphères qui ont même cercle et même rayon que ces cercles, et l'opération de $\mathbb{R}^3$ consistant à effectuer le produit des inversions par rapport à ces sphères. On prolonge ainsi une homographie complexe à $\mathbb{R}^3$. On vérifie la consistance de cette définition (Poincaré, [1]). Il reste à trouver les équations de cette transformation. On identifie les points de $\mathbb{R}^3$ avec les points

$$u = (z,v) \in \mathbb{C} \times \mathbb{R}$$

ou avec les matrices

$$u = \begin{pmatrix} z & -v \\ v & \bar{z} \end{pmatrix} .$$

L'opération de $\mathbb{R}^3$ prolongeant l'homographie associée à $g = \begin{pmatrix} a & b \\ c & d \end{pmatrix} \in SL(2,\mathbb{C})$ est $u \to U = (au+b)(cu+d)^{-1}$. On pose $U = \bar{g}(u) = (Z,V)$. On vérifie les formules :

$$Z = ((az+b)(\overline{cz+d}) + a\bar{c}v^2)(|cz+d|^2 + |c|^2v^2)^{-1}$$

$$V = v(|cz+d|^2 + |c|^2v^2)^{-1} .$$

En différentiant la formule $U = g(u)$, on voit que

$$V^{-1}\, dU = v^{-1}\, du .$$

On munit $\mathcal{H}_3 = \{u \in R^3 , v > 0\}$ le demi-espace supérieur de la <u>métrique hyperbolique</u>

$$v^{-2}(dx^2 + dy^2 + dv^2) \qquad u = (x+iy , v) .$$

Le groupe $SL(2,\mathbb{C})$ opère sur le demi-espace hyperbolique par isométries. Son action est transitive. Le groupe d'isotropie de $(0,1)$ est égal à $SU(2,\mathbb{C})$ et $SL(2,\mathbb{C})/SU(2,\mathbb{C})$ est homéomorphe à $\mathcal{H}_3$. Le groupe de toutes les isométries de $\mathcal{H}_3$ est engendré par l'application $(z,v) \to (\bar{z},v)$ et le groupe isomorphe à $PSL(2,\mathbb{C})$ des isométries associées à $SL(2,\mathbb{C})$. Les géodésiques sont les cercles (ou droites) orthogonaux au plan $\mathbb{C}$.

DEFINITION. <u>L'élément de volume</u> déduit de la métrique hyperbolique est

$$v^{-3}\, dx\, dy\, dv .$$

DEFINITION. Milnor (Thurston, [1]) a introduit une fonction, la <u>fonction de Lobachevsky</u>

$$Л(\theta) = -\int_0^{\theta} \log |2\sin u| \, du .$$

Cette fonction permet d'exprimer élégamment les volumes des tétraèdres. Cette fonction est reliée aux valeurs des fonctions zêta des corps de nombres (complexes) au point 2 , puisque l'on a la relation

1) $$Л(\theta) = \tfrac{1}{2} \sum_{n\geqslant 1} \sin(2n\theta)/n^2 \qquad 0 \leqslant \theta \leqslant \pi$$

déduite de la relation entre $Л(\theta)$ et la fonction dilogarithme

$\psi(z) = -\int_0^z \mathrm{Log}(1-w)dw/w = \sum_{n\geqslant 1} z^n/n^2$, pour $|z| \leqslant 1$, $|w| \leqslant 1$, obtenue en posant $z = e^{2i\theta}$:

$$\psi(e^{2i\theta}) - \psi(1) = -\theta(\pi-\theta) + 2iЛ(\theta) .$$

On en déduit, en utilisant la transformation de Fourier

$$\sum_{k \bmod D} \left(\frac{-D}{k}\right) e^{2i\pi kn/D} = \sqrt{D}\left(\frac{-D}{n}\right)$$, $-D$ = discriminant d'un corps quadratique imaginaire

en multipliant par n^{-2} et en sommant

2) $$\sum_{k \bmod D} \left(\frac{-D}{k}\right) Л(\pi k/D) = \sqrt{D} \sum_{n\geqslant 1} \left(\frac{-D}{n}\right) n^{-2} = \sqrt{D}\, \zeta_{\mathbb{Q}(\sqrt{-D})}(2)/\zeta_{\mathbb{Q}}(2)$$
$$= 6\pi^{-2} \sqrt{D}\, \zeta_{\mathbb{Q}(\sqrt{-D})}(2) .$$

On a aussi les relations :

3) $Л(\theta)$ est périodique de période π , et impaire

4) $Л(n\theta) = \sum_{j \bmod n} nЛ(\theta + j/n)$, pour tout entier $n \neq 0$

la relation 3) est immédiate, la relation 4) se déduit de l'identité trigonométrique $2\sin u = \sum_{j \bmod n} 2\sin(u+j\pi/n)$ que l'on démontre en factorisant le polynôme $X^n - 1$.

Milnor conjecture que toute relation linéaire rationnelle entre les nombres réels $Л(\theta)$, pour les angles qui sont des multiples rationnels de π , est une conséquence de 3) et 4). Voir aussi Lang [1].

Volume d'un tétraèdre dont un sommet est à l'infini.

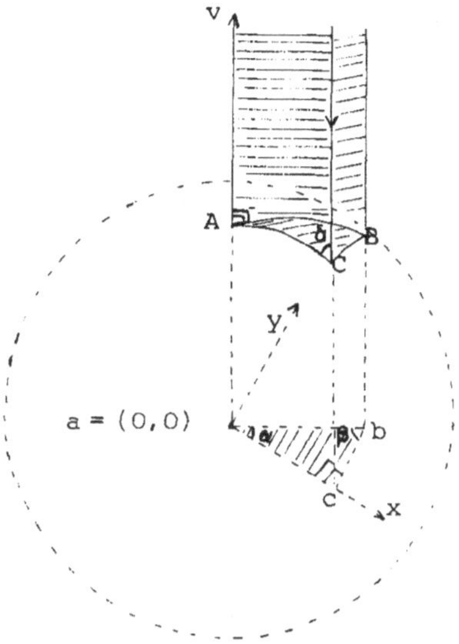

La base d'un tel tétraèdre est une sphère centrée sur $\mathbb{C}$. La projection sur $\mathbb{C}$ du tétraèdre est un triangle, dont les angles sont les angles diédraux des côtés se coupant à l'infini α , β , γ . Donc ,

$$\alpha + \beta + \gamma = \pi \ .$$

Supposons $\gamma = \frac{\pi}{2}$ que A se projette en (0,0) , et soit V le volume du tétraèdre

$$V = \iiint v^{-3}\, dx\, dx\, dv = \iint_t dx\ dy/2(1-x^2-y^2)$$

où $t = \{(x,y)\ ,\ 0 \leqslant x \leqslant \cos\delta\ ,\ 0 \leqslant y \leqslant x\ \mathrm{tg}\alpha\}$

on obtient en posant $x = \cos\theta$,

$$V = -1/4 \int_{\pi/2}^{\delta} \mathrm{Log}(\sin(\theta+\alpha)/\sin(\theta-\alpha))d\theta$$

$$V = 1/4\ (Л(\alpha+\delta) + Л(\alpha-\delta) + 2Л(\pi/2-\alpha))\ .$$

Si le sommet B est dans C (deux sommets à l'infini), on a $\delta = \alpha$ et

$$V = \tfrac{1}{2}\ Л(\alpha)\ .$$

Volume d'un tétraèdre dont les trois sommets sont à l'infini. Les angles diédraux au voisinage de chaque sommet ayant pour somme π , on en déduit que les angles diédraux opposés sont égaux : on a donc 3 angles diédraux distincts, au plus, soit α , β , γ et en découpant le tétraèdre avec des tétraèdres du type précédent, on voit que

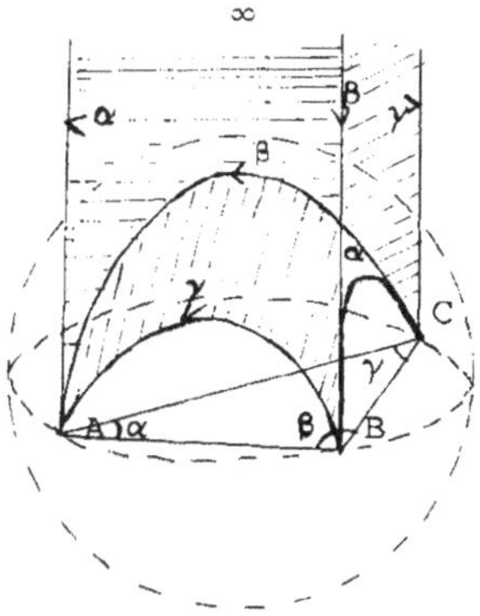

PROPOSITION 3.7. Le volume d'un tétraèdre dont les sommets sont à l'infini, d'angles diédraux α , β , γ est égal à

$$V = Л(\alpha) + Л(\beta) + Л(\gamma)\ .$$

EXEMPLE : <u>Un domaine fondamental pour le groupe de Picard</u> $PSL(2,\mathbb{Z}[i])$.

Le domaine défini par les relations (Picard [1]) :

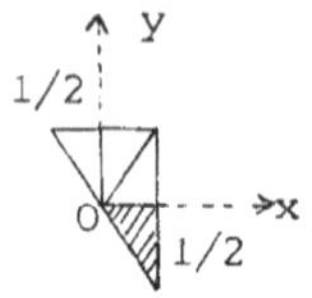

$x^2+y^2+z^2 \geqslant 1$, $x \leqslant 1/2$, $y \leqslant 1/2$, $0 \leqslant x+y$

est un domaine fondamental pour $PSL(2,\mathbb{Z}[i])$ dans $\mathcal{H}_3$. C'est la réunion de 4 tétraèdres égaux ayant un sommet à l'infini. On a avec les définitions précédentes : $\delta = \pi/3$ et $\alpha = \pi/4$. Le volume V de ce domaine est donc :

$$\begin{aligned} V &= \mathcal{L}(\pi/4+\pi/3)+\mathcal{L}(\pi/4-\pi/3)+2\mathcal{L}(\pi/2-\pi/4) \\ &= 1/3 \,.\, \mathcal{L}(3\pi/4-\pi)+\mathcal{L}(\pi/4) \\ &= 1/3 \,.\, \mathcal{L}(-\pi/4)+\mathcal{L}(\pi/4) \\ &= 2/3 \,.\, \mathcal{L}(\pi/4) \\ &= (4\pi^2)^{-1} \,.\, D_K^{3/2} \,.\, \zeta_K(2) \qquad , \text{ si } K=\mathbb{Q}(i) \,. \end{aligned}$$

D'autre part, nous avons pour la mesure de Tamagawa $vol(SL(2,\mathbb{Z}(i)\ SL(2,\mathbb{C})) = 4\pi^2 . V$. En faisant le même raisonnement que pour $SL(2,\mathbb{R})$, on démontre par comparaison le corollaire suivant.

COROLLAIRE 3.8. <u>La mesure de Tamagawa sur</u> $SL(2,\mathbb{C})$ <u>est le produit de la mesure hyperbolique sur</u> $\mathcal{H}_3$ <u>par la mesure de Haar sur</u> $SU(2,\mathbb{C})$ <u>telle que</u>

$$vol(SU(2,\mathbb{C})) = 8\pi^2 \,.$$

Donc, si Γ est un sous-groupe discret de $SL(2,\mathbb{C})$ de covolume fini,

$$\begin{aligned} vol(SL(2,\mathbb{C})/\Gamma) &= 4\pi^2 \ vol(\bar{\Gamma}\backslash\mathcal{H}_3) \quad \text{si} \quad -1 \in \Gamma \,, \\ &= 8\pi^2 \ vol(\bar{\Gamma}\backslash\mathcal{H}_3) \quad \text{si} \quad -1 \notin \Gamma \,. \end{aligned}$$

On retrouve la formule d'Humbert pour $PSL(2,R)$, si R est l'anneau des entiers d'un corps quadratique imaginaire K :

$$vol(PSL(2,R)\backslash\mathcal{H}_3) = 4\pi^2 \ \zeta_K(2) \ D_K^{3/2} \,.$$

REMARQUE. Soient H/K une algèbre de quaternions vérifiant les propriétés de la page 103 , et C un sous-groupe compact maximal de G^1 . Les groupes Γ d'unités de norme réduite 1 des $R_{(S)}$-ordres de H permettent de définir des variétés arithmétiques :

$$X_\Gamma = \Gamma\backslash G^1/C \,.$$

Les résultats du chapitre III ont alors des applications intéressantes à l'étude des variétés X_Γ . On renvoie le lecteur aux travaux d'Ihara, Shimura, Serre, Mumford, Cerednik, Kurihara cités dans la bibliographie.

CHAPITRE V

ARITHMETIQUE DES QUATERNIONS, QUAND LA CONDITION D'EICHLER N'EST PLUS VERIFIEE

Soit H/K une algèbre de quaternions sur un corps global, ramifiée sur toutes les places archimédiennes de K, s'il y en a. Soit S un ensemble fini non vide de places de K, contenant les places archimédiennes, et ne vérifiant pas la condition d'Eichler :

$$S \neq \emptyset \quad , \quad \infty \subset S \subset \text{Ram } H \quad .$$

Soient $R = R_{(S)}$ l'anneau des éléments de K entiers aux places n'appartenant pas à S, et $\mathcal{O}$ un R-ordre de H. On pose alors :

$$X = H \text{ ou } K \quad , \quad Y = R \text{ ou } \mathcal{O} \; .$$

L'algèbre X vérifie la propriété fondamentale :

$$\text{si } v \in S \, , \quad X_v = Y_v \quad \text{est un corps.}$$

Elle permet de donner :

1 - La structure du groupe des unités de Y (généralisation du théorème de Dirichlet).

2 - Une formule analytique pour le nombre de classes des idéaux de Y (généralisation de la formule de Dirichlet).

La formule obtenue, appelée traditionnellement formule "de masse" ou "avec poids", jointe aux formules de traces (III.5.11), permet quand $X = H$ de calculer le nombre de classes et le nombre de types des ordres d'Eichler de niveau donné.
Les méthodes utilisées sont les mêmes que dans IV.1.
Les résultats 1.2 sont des applications directes de III.1.4 et III.2.2, plus précisément de :
le groupe $X_K^{\cdot}$ est discret, cocompact dans $X_{A,1}$, et de covolume 1 pour la mesure de Tamagawa.

1 UNITES

Si $v \in S$, alors $X_v = Y_v$ est un corps. Donc pour toute place v,

$$Z_v = \{ y \in Y_v \, , \, \|y\|_v \leqslant 1 \}$$

est compact dans X_v. On en déduit que $Z_A = X_A \cap (\Pi Z_v)$ est compact dans

X_A , et que le groupe

$$Z_A \cap X_K = \{y \in Y \ , \ \|y\|_v \leqslant 1 \quad \forall v \in V\}$$

discret dans Z_A d'après III.1.4, est un groupe fini. Il est donc égal au groupe de torsion Y^1 de Y . On a montré le

LEMME 1.1. <u>Le groupe</u> Y^1 <u>des racines de l'unité de</u> Y <u>est un groupe fini</u>.

Si $X = K$ est commutatif, c'est un groupe cyclique d'après le résultat classique sur les sous-groupes finis des corps commutatifs. Si $X = H$, il n'est généralement pas commutatif. Quand K est un corps de nombres, il se plonge en un sous-groupe fini de quaternions réels. Sa structure est donc connue (I.3.7).

D'après III.1.4, le groupe $X_K^{\bullet}$ est discret, cocompact dans $X_{A,1}$. Procédons comme en IV.1.1, et décrivons $X_{A,1}/X_K^{\bullet}$. D'après III.5.4 on a une décomposition finie (non réduite à un terme maintenant) :

(1) $$X_{A,1} = \cup Y_{A,1}\, x_i\, X_K^{\bullet} \quad , \ x_i \in X_{A,1} \ , \ 1 \leqslant i \leqslant h$$

où l'on a posé :

$$Y_{A,1} = G.C' \quad \text{avec} \quad G = \{x \in X_{A,1} \ , \ x_v = 1 \ \text{ si } \ v \notin S\}$$

et C' est un groupe compact égal à $\prod_{v \notin S} Y_v^{\bullet}$. On déduit du lemme IV.1.2 que :

$$Y^{\bullet} = Y_{A,1} \cap X_K^{\bullet} \quad \text{est discret, cocompact dans } G \ .$$

Soit f l'application qui à $x \in G$, associe $(\|x_v\|_v)_{v \in S}$. D'après 1.1, on a la suite exacte :

$$1 \longrightarrow Y^1 \longrightarrow Y^{\bullet} \xrightarrow{f} f(G) \ .$$

On en déduit que $f(Y^{\bullet})$ est un sous-groupe discret, cocompact d'un groupe isomorphe à $\mathbb{R}^a.\mathbb{Z}^b$, $a+b = \text{CardS}-1$, soit :

$$f(G) = \{(x_v) \in \prod_{v \in S} \|X_v\| \ , \ \Pi\, x_v = 1\} \ .$$

Donc $f(Y^{\bullet})$ est un groupe libre à CardS-1 générateurs.

THEOREME 1.2. <u>Soit</u> $Y^{\bullet}$ <u>le groupe des unités de</u> Y . <u>Alors il existe une suite exacte</u> :

$$1 \longrightarrow Y^1 \longrightarrow Y^{\bullet} \longrightarrow \mathbb{Z}^{\text{cardS}-1} \longrightarrow 1$$

<u>et</u> Y^1 <u>qui est le groupe des racines de l'unité contenues dans</u> Y <u>est fini</u>.

Quand $X = K$ est commutatif, on en déduit que $Y^{\cdot}$ est le produit direct de Y^1 par un groupe libre à $\mathrm{Card}S-1$ générateurs. Ce n'est pas vrai si $X = H$, comme le montre l'exercice 1.1. Le théorème 1.2 est l'analogue de IV.1.1.

DEFINITION. Le <u>régulateur</u> de Y est le volume de $f(G)/f(Y^{\cdot})$ calculé pour les mesures induites par les mesures de Tamagawa. On le note $\mathcal{R}_Y$.

EXERCICES.

1.1 <u>Structure du groupe des unités, si K est un corps de nombres</u>.

On conserve les hypothèses et les données du §1. On suppose de plus que K est un corps de nombres.

a) Montrer que K est totalement réel (i.e. toutes ses places archimédiennes sont réelles).

b) Déduire de 1.2 que $[\mathcal{O}^{\cdot} : \mathcal{O}^1 R^{\cdot}]$ est fini.

c) Si L/K est une extension quadratique, et R_L l'anneau des entiers de L, montrer que $[R_L^{\cdot} : R_L^1 R^{\cdot}] = 1$ ou 2. (Solution : Hasse [1]).

d) En utilisant I.3.7 et exercice 3.1, montrer que

$$e = [\mathcal{O}^{\cdot} : \mathcal{O}^1 R^{\cdot}] = 1 \text{ , } 2 \text{ ou } 4 \text{ .}$$

(Solution : Vignéras-Guého [3]). Montrer plus précisément, qu'avec les notations de I.3.7 et exercice 3.1, on a

$e = 4$, si $\mathcal{O}^1$ est cyclique, engendré par s_{2n} d'ordre $2n$, et s'il existe e_1, e_2 deux unités de $\mathcal{O}$, dont les normes réduites ne sont pas des carrés (condition évidemment nécessaire) et vérifiant :

si $n = 1$, $e_1 e_2 = -e_2 e_1$

si $n \neq 1$, $e_1 \in K(s_{2n})$, $e_2 s_{2n} = s_{2n}^{-1} e_2$

$e = 2$, si $e \neq 4$, s'il existe $e_1 \in \mathcal{O}$ dont la norme réduite n'est pas un carré, et

si $\mathcal{O}^1$ est cyclique, dicyclique, ou binaire octaédral, avec :

si $\mathcal{O}^1$ est cyclique, engendré par s_{2n}, $e_1 \in K(s_{2n})$ ou $e_1 s_{2n} = s_{2n}^{-1} e_1$,

si $\mathcal{O}^1 = \langle s_{2n}, j \rangle$ est dicyclique d'ordre $4n$, $e_1 \in (1+s_{2n})K^{\cdot}$,

si $\mathcal{O}^1 = E_{48}$ est le groupe binaire octaédral, $e_1 \in (1+i)K^{\cdot}$,

où $i \in \mathcal{O}^1$ est d'ordre 4.

$e = 1$ dans tous les autres cas.

1.2 Soient $K=\mathbb{Q}(\sqrt{m})$ et H le corps de quaternions $\{-1,-1\}$ sur K (notation p. 2). Montrer que :

a) Toutes les places infinies de K se ramifient dans H.

b) Aucune place finie de K ne se ramifie dans H si 2 ne se décompose pas dans K. Sinon, si v, w sont les deux places de K au-dessus de 2, alors $\mathrm{Ram}_f H = \{v,w\}$.

c) $m=2$. Alors

$$\mathcal{O} = \mathbb{Z}[\sqrt{2}][1, (1+i)/\sqrt{2}, (1+j)/\sqrt{2}, (1+i+j+ij)/2]$$

est un ordre maximal et son groupe d'unités est (notation I.3.7)

$$\mathcal{O}^{\cdot} = E_{48}.\mathbb{Z}[\sqrt{2}]^{\cdot} .$$

d) $m=5$. On pose si $\tau = (1+\sqrt{5})/2$ est le nombre d'or,

$$e_1 = \tfrac{1}{2}(1+\tau^{-1}i+\tau j) ,$$
$$e_2 = \tfrac{1}{2}(\tau^{-1}i+j+\tau ij) ,$$
$$e_3 = \tfrac{1}{2}(\tau i+\tau^{-1}j+ij) ,$$
$$e_4 = \tfrac{1}{2}(i+\tau j+\tau^{-1}ij) .$$

Alors

$$\mathcal{O} = \mathbb{Z}[\tau][e_1,e_2,e_3,e_4]$$

est un ordre maximal, dont le groupe d'unités est

$$\mathcal{O}^{\cdot} = E_{120}.\mathbb{Z}[\tau]^{\cdot} .$$

1.3 <u>Régulateurs</u>. On suppose que $X=H$. En gardant les notations du §1, montrer que :

a) $[\mathcal{O}^{\cdot} : R^{\cdot}] = [\mathcal{O}^1 : R^1][f(\mathcal{O}^{\cdot}) : f(R^{\cdot})]$

b) $[f(\mathcal{O}^{\cdot}) : f(R^{\cdot})] = 2^{2\mathrm{Card}S-1}\,\mathcal{R}_R/\mathcal{R}_{\mathcal{O}}$.

On montre ainsi que les régulateurs de $\mathcal{O}$ et de R sont liés par la relation :

$$\mathcal{R}_{\mathcal{O}} = \mathcal{R}_R\, 2^{2\mathrm{Card}S-1}\, [\mathcal{O}^1 : R^1][\mathcal{O}^{\cdot} : R^{\cdot}]^{-1}$$

ou encore :

$$\frac{\mathcal{R}_{\mathcal{O}}}{\mathrm{Card}\mathcal{O}^1} = [\mathcal{O}^{\cdot} : R^{\cdot}]^{-1}\,\frac{\mathcal{R}_R}{\mathrm{Card}R^1}\,2^{2\mathrm{Card}S-1}$$

2 NOMBRE DE CLASSES

L'égalité $\tau(X_1)=1$, démontrée en II.2.2 et 2.3, prend avec la relation (1) du §1 la forme :

$$1 = \mathrm{vol}(X_{A,1}/X_K^\bullet) = \sum_{i=1}^{h} \mathrm{vol}(Y_{A,1}\, x_i\, X_K^\bullet/X_K^\bullet) \ .$$

Posons :

$$Y^{(i)} = X_K \cap x_i^{-1}\, Y_A\, x_i \ .$$

Le dictionnaire global-adélique p. 87 nous permet de reconnaître les propriétés suivantes :

1) h est le nombre de classes des idéaux à gauche de Y .

2) Un système de représentants de ces idéaux est décrit par l'ensemble $\{Y_A\, x_i \cap X_K \ , \ 1 \leqslant i \leqslant h\}$. L'ensemble des ordres à droite de ces idéaux est $\{Y^{(i)} \ , \ 1 \leqslant i \leqslant h\}$. D'après 1.1, le groupe de torsion de $Y^{(i)}$ est fini. Notons son ordre e_i . D'après la définition du régulateur de Y , on a :

$$1 = \sum \mathrm{vol}(Y_{A,1}^{(i)}/Y^{(i)\bullet}) = \mathrm{vol}(C) \sum e_i^{-1}\, \mathcal{R}_{Y^{(i)}}$$

où C est un groupe compact égal à :

$$C = \prod_{v \in S} X_v^1 \prod_{p \notin S} Y_p^\bullet \ .$$

Nous avons démontré ainsi le théorème suivant, analogue de IV.1.7.

THEOREME 2.1. <u>Avec les notations du chapitre</u> V, <u>on a</u> :

$$\sum_{i=1}^{h} e_i^{-1}\, \mathcal{R}_{Y^{(i)}} = \mathrm{vol}(C)^{-1} \ .$$

COROLLAIRE 2.2 (Formule analytique de Dirichlet). <u>Soit</u> K <u>un corps de nombres, d'anneau d'entiers</u> R , <u>ayant</u> r_1 (r_2) <u>places réelles (complexes)</u>. <u>Soient</u> h , $\mathcal{R}$, D_R , w <u>respectivement le nombre de classes, le régulateur, le discriminant, le nombre de racines de l'unité de</u> R . <u>Alors</u>,

$$\lim_{s \to 1} (s-1)\zeta_K(s) = \frac{h\mathcal{R}}{w\sqrt{D_R}}\, 2^{r_1} (2\pi)^{r_2} \ .$$

PREUVE : On applique le théorème en calculant $\mathrm{vol}(C)$ avec les formules explicites II.4.3 et exercices 4.2, 4.3

$$\mathrm{vol}(C) = m_K^{-1}\, 2^{r_1}\, (2\pi)^{r_2}\, D_R^{-1/2} \quad , \quad m_K = \lim_{s \to 1} (s-1)\zeta_K(s) \ .$$

COROLLAIRE 2.3. <u>Soient</u> H/K <u>un corps de quaternions ramifié sur toutes les places archimédiennes d'un corps de nombres</u> K , <u>et</u> $\mathcal{O}$ <u>un ordre</u>

d'Eichler de K . On garde les notations du corollaire 2.2, on note D le discriminant réduit de H et N le niveau de $\mathcal{O}$. On choisit un système (I_i) de représentants des classes des idéaux à gauche de $\mathcal{O}$. Si $\mathcal{O}_i$ est l'ordre à droite de I_i , alors $w_i = [\mathcal{O}_i^{\cdot} : R^{\cdot}]$. On a (en posant $n = r_1$) :

$$\Sigma\, w_i^{-1} = 2^{1-n}\, |\zeta_K(-1)|\, h\, N \prod_{p|D} (Np-1) \prod_{p|N} (Np^{-1}+1)\ .$$

PREUVE : On procède comme en 2.2, en utilisant la relation entre $\mathcal{R}$ et le régulateur de $\mathcal{O}$ vue dans l'exercice 1.3. On obtient

$$\Sigma\, w_i^{-1} = \mathrm{vol}(C)^{-1} \left\{\frac{\mathcal{R}}{w}\, 2^{2n-1}\right\}^{-1} = (m_K\ \mathrm{vol}\ C)^{-1}\, h\, D_R^{-1/2}\, 2^{1-n}$$

$$m_K\ \mathrm{vol}\ C = (2\pi^2)^n\, D_R^{-2}\, \zeta_K(2)\, f(D,N)$$

$$f(D,N) = N \prod_{p|D} (Np-1) \prod_{p|N} (Np^{-1}+1)$$

où l'on remarque que K est totalement réel, donc $n = r_1$, et l'équation fonctionnelle de la fonction zêta permet de lier $\zeta_K(2)$ à $\zeta_K(-1)$:

$$\zeta_K(2)\, D_R^{-3/2}\, (-2\pi^2)^{-n} = \zeta_K(-1)\ .$$

On en déduit 2.3.

Afin d'aller plus loin, il est nécessaire d'utiliser la formule de trace III.5.11 :

$$\Sigma\, m_{\mathcal{O}}^{(i)} = h(B) \prod_{p \notin S} m_p\ .$$

Quand C.E. n'est pas vérifiée, la structure de $\mathcal{O}^{\cdot}$ implique que le nombre m_i de plongements maximaux de B dans $\mathcal{O}^{(i)}$ est fini, égal si $B = R[g] \subset H$ avec les notations de III.5, à :

$$\mathrm{Card}\ \{x g x^{-1}\ ,\ x \in T^{(i)}\}\ .$$

On en déduit que si $w_i = [\mathcal{O}^{(i)} : R^{\cdot}]$, et $w(B) = [B^{\cdot} : R^{\cdot}]$, on a :

$$m_i = m_{\mathcal{O}}^{(i)}\ w_i/w(B) = m_i(B)\ .$$

On a donc :

$$\Sigma\, m_i/w_i = \frac{h(B)}{w(B)} \prod_{p \notin S} m_p\ .$$

DEFINITION. On appelle masse de $\mathcal{O}$, resp. masse de B dans $\mathcal{O}$ les nombres :

$$M = \sum_{i=1}^{h} 1/w_i \qquad M(B) = \sum_{i=1}^{h} m_i/w_i\ .$$

On considère alors les matrices d'Eichler-Brandt $P(A)$ définies en III, exercice 5.8 pour les idéaux entiers de R. Ce sont des matrices dans $M(h,\mathbb{N})$. Le terme $\alpha_{i,i}$ situé sur la diagonale, à la i-ème place est égal au nombre des idéaux principaux de $\mathcal{O}^{(i)}$ de norme réduite A. La trace de ces matrices, quand C.E. n'est pas vérifiée se calcule grâce à III.5.11 et V.2.3. Le résultat est donné ci-dessous. On suppose que K est un corps de nombres.

PROPOSITION 2.4 (Trace des matrices d'Eichler-Brandt). _La trace des matrices_ $P(A)$ _est nulle si_ A _n'est pas un idéal principal_. _Si_ A _n'est pas le carré d'un idéal principal, elle est égale à_ :

$$\frac{1}{2}\sum_{(x,B)} M(B) .$$

Sinon, elle est égale à :

$$M+\frac{1}{2}\sum_{(x,B)} M(B)$$

_où_ (x,B) _parcourt tous les couples formés d'un élément_ $x\in K_s$, _et d'un ordre commutatif_ B _vérifiant_ :

- x _est racine d'un polynôme irréductible_ X^2-tX+a , _où_ (a) _est un système de représentants de générateurs de_ A _modulo_ $R^{\cdot 2}$, _et_ $t\in R$
- $R[x]\subset B\subset K(x)$.

PREUVE : Si A n'est pas principal, c'est clair. Sinon, on utilise que :

$$2\, w_i\, \alpha_{i,i} = \sum_a \operatorname{Card}\{x\in \mathcal{O}^{(i)} \,,\ n(x)=a\} .$$

On introduit alors les couples (x,B). En utilisant les définitions de III.5.11, on voit que :

$$2\, w_i\, \alpha_{i,i} = \sum_{(x,B)} m_i(B) + \begin{cases} 0 & \text{si } A \text{ n'est pas un carré} \\ 2 & \text{si } A \text{ est un carré} \end{cases} .$$

On utilise alors les définitions précédentes des masses.

COROLLAIRE 2.5 (Nombre de classes). _Le nombre de classes des idéaux à gauche de_ $\mathcal{O}$ _est égal à_

$$M+\frac{1}{2}\sum_B M(B)\ (w(B)-1)$$

_où_ B _parcourt les ordres des extensions quadratiques_ L/K _contenues dans_ K_S .

PREUVE : On applique 2.4 avec $A=R$. On utilise que B étant fixé, la somme sur x est égale à $w(B)-1$, puisque les unités ∓ 1 sont prises en charge par M . L'ordre B n'apparaît que si $w(B)\neq 1$. Ceci n'arrive qu'un nombre fini de fois.

On peut rendre cette formule explicite grâce aux calculs de II.4. On peut obtenir par le même procédé une formule pour le nombre de types d'ordres de $\mathcal{O}$. Soit $2^r = [N(\mathcal{O}_A) : \mathcal{O}_A^{\cdot} K_A^{\cdot}]$, et h_i' le nombre de classes des idéaux bilatères de $\mathcal{O}^{(i)}$. On choisit un système (A) d'idéaux entiers principaux de R , représentant les idéaux principaux, normes réduites d'idéaux bilatères de $\mathcal{O}$, modulo les carrés des idéaux principaux. Alors :

$$h_i' = h2^r / \Sigma\, \alpha_{ii}(A) .$$

On a donc :

$$\sum_A \text{trace } P(A) = t\ h\ 2^r$$

d'où une expression pour t .

COROLLAIRE 2.6. <u>Le nombre de types d'ordres d'un ordre d'Eichler est égal à</u>

$$\frac{1}{h2^{r+1}} \sum_B M(B)\ w(B)\ x(B) + \frac{M}{h2^r}$$

<u>où</u> x(B) <u>est le nombre des idéaux entiers principaux de</u> B <u>de norme réduite dans</u> (A). <u>Les ordres</u> B <u>parcourent tous les ordres des extensions</u> $L \subset K_S$ <u>quadratiques sur</u> K .

On retrouve dans ces formules générales, les résultats démontrés dans des cas particuliers par différents auteurs (Deuring [3], Eichler [2], [8], Latimer [2], Pizer [1], Vignéras-Gueho [2]). On trouvera des applications de ces résultats aux formes définies quaternaires dans les articles de Ponomarev [1] à [5], et Peters [1].

3 EXEMPLES

A <u>Algèbres de quaternions sur</u> $\mathbb{Q}$.

Soit $H/\mathbb{Q}$ une algèbre de quaternions, telle que $H_{\mathbb{R}} \simeq \mathbb{H}$, de discriminant réduit D . On s'intéresse aux ordres maximaux de H . Soit $\mathcal{O}$ un tel ordre. Le groupe de ses unités est égal au groupe de ses unités de norme réduite 1 . Soit h le nombre de classes de $\mathcal{O}$. On a :

PROPOSITION 3.1. <u>Le groupe des unités d'un ordre maximal est cyclique d'ordre</u> 2 , 4 <u>ou</u> 6 , <u>sauf si</u> :

. $H = \{-1,-1\}$ où $D = 2$, $h = 1$, $\mathcal{O}^{\cdot} \simeq E_{24}$
. $H = \{-1,-3\}$ où $D = 3$, $h = 1$, $\mathcal{O}^{\cdot} \simeq \langle s_6, j\rangle$.

Les notations utilisées sont celles de I.3.7. Supposons $D \neq 2,3$ et notons h_i le nombre de classes des idéaux I à gauche de $\mathcal{O}$ tel que le groupe des unités de $I^{-1}I$ soit d'ordre $2i$. En appliquant 2.4 et les formules des masses $M(B)$, quand $B = \mathbb{Z}[\sqrt{-1}]$ et $\mathbb{Z}[\sqrt{-3}]$, on obtient la :

PROPOSITION 3.2. <u>Les nombres de classes</u> h , h_2 , h_3 <u>sont égaux à</u> :

$$h = \frac{1}{12} \prod_{p|D} (p-1) + \frac{1}{4} \prod_{p|D} (1-(-\frac{4}{p})) + \frac{1}{3} \prod_{p|D} (1-(-\frac{3}{p}))$$

$$h_2 = \frac{1}{2} \prod_{p|D} (1-(-\frac{4}{p}))$$

$$h_3 = \frac{1}{2} \prod_{p|D} (1-(-\frac{3}{p})) .$$

On peut donner une autre démonstration, purement algébrique, de la formule pour h . Elle utilise les liens entre les algèbres de quaternions et les courbes elliptiques (Igusa [1]). On donne à la fin du §3 des tables pour h , et le nombre de types d'ordres maximaux t .

B <u>Graphes arithmétiques</u>.

Nous allons donner une interprétation géométrique des nombres de classes h , h_2 , h_3 , et des matrices de Brandt en termes de graphes. Soit p un nombre premier ne divisant pas D . L'arbre $X = PGL(2,\mathbb{Z}_p)\backslash PGL(2,\mathbb{Q}_p)$ admet une description par les ordres et les idéaux de H : on fixe un ordre maximal $\mathcal{O}$,

- les sommets de X sont en bijection avec les ordres maximaux $\mathcal{O}'$ tels que $\forall p \neq q$, $\mathcal{O}_q = \mathcal{O}'_q$
- les arêtes de X d'origine $\mathcal{O}'$ sont en bijection avec les idéaux entiers, à gauche de $\mathcal{O}'$, de norme réduite $p\mathbb{Z}$.

Précisément, à $x \in X$, de représentant $a \in GL(2,\mathbb{Q}_p) = H_p^{\cdot}$, on associe l'ordre $\mathcal{O}'$ tel que $\mathcal{O}'_p = a^{-1}\mathcal{O}_p a$, et $\mathcal{O}'_q = \mathcal{O}_q$ si $q \neq p$. Voir II.2.5, et 2.6.

Soit $\mathbb{Z}^{(p)}$ l'ensemble des nombres rationnels de la forme a/p^n , $a \in \mathbb{Z}$, $n \in \mathbb{N}$. Les ordres maximaux $\mathcal{O}'$, sommets de X , engendrent le même $\mathbb{Z}^{(p)}$-ordre $\mathcal{O}^{(p)} = \prod_{q \neq p} (\mathcal{O}_q \cap H)$. Le groupe des unités $\mathcal{O}^{(p)\cdot}$ définit un groupe d'isométries $\Gamma = \mathcal{O}^{(p)\cdot}/\mathbb{Z}^{(p)\cdot}$ de l'arbre X , dont le graphe quotient est fini. Le groupe $\Gamma_{\mathcal{O}'}$ des isométries de Γ fixant un sommet $\mathcal{O}'$ est égal à $\mathcal{O}'^{\cdot}/\mathbb{Z}^{\cdot}$. C'est d'après les résultats précédents :

- un groupe cyclique d'ordre 1 , 2 , 3
- A_4 , si $H = \{-1,-1\}$
- D_3 , si $H = \{-1,-3\}$.

Par définition $\mathrm{Card}(\Gamma_{\mathcal{O}'})$ est l'ordre du sommet de X/Γ défini par $\mathcal{O}'$.

PROPOSITION 3.3. Le nombre de sommets du graphe quotient X/Γ est égal au nombre de classes h de H .
Si $H = \{-1,-1\}$, resp. $H = \{-1,-3\}$, le graphe quotient a un seul sommet d'ordre 12 , resp. d'ordre 6 . Dans les autres cas, le nombre de sommets d'ordre i du graphe quotient est égal à h_i .

En effet, ceci résulte d'un calcul formel dans les adèles : comme $\{\infty,p\}$ vérifie la condition d'Eichler, et $\mathbb{Z}^{(p)}$ est principal, l'ordre $\mathcal{O}^{(p)}$ est principal (ch.III), donc on a la décomposition $H_A^{\bullet} = \Pi\mathcal{O}_q^{\bullet}H_\infty^{\bullet}H_p^{\bullet}H^{\bullet}$, le produit étant pris sur tous les nombres premiers $q\neq p$. En utilisant la décomposition $\mathbb{Q}_A^{\bullet} = \mathbb{Q}^{\bullet}\mathbb{Z}_p^{\bullet}\Pi\mathbb{Z}_q^{\bullet}$ exprimant que $\mathbb{Z}$ est principal, on voit que le nombre de classes des ordres maximaux (sur $\mathbb{Z}$) de H est le cardinal d'un des ensembles isomorphes suivants :

$$\mathbb{Q}_A^{\bullet}H_\infty^{\bullet}\mathcal{O}_p^{\bullet}\Pi\mathcal{O}_q^{\bullet}\backslash H_A^{\bullet}/H^{\bullet} = \mathcal{O}_p^{\bullet}\mathbb{Q}_p\backslash H_p^{\bullet}/\mathcal{O}^{(p)\bullet} = X/\Gamma .$$

Précisément, si I_i est un système de représentants des classes des idéaux à gauche de $\mathcal{O}$, les ordres à droite des idéaux I_i , notés $\mathcal{O}^{(i)}$, forment un système de représentants du graphe quotient X/Γ . Un ordre $\mathcal{O}'$, sommet de l'arbre X , est Γ-équivalent à $\mathcal{O}^{(i)}$ s'il est joint à $\mathcal{O}$, par un idéal I équivalent à I_i .

Les matrices de Brandt s'interprètent géométriquement comme des homomorphismes du groupe libre $\mathbb{Z}[X/\Gamma]$ engendré par les sommets du graphe quotient X/Γ . Soit $f : \mathbb{Z}[X] \to \mathbb{Z}[X/\Gamma]$ l'homomorphisme induit par la surjection $X \to X/\Gamma$. Pour tout entier $n \geq 1$, soit P_n l'homomorphisme de $\mathbb{Z}[X/\Gamma]$ tel que $P_n f = fT_n$ où T_n est l'homomorphisme de $\mathbb{Z}[X]$ défini par les relations, ch.II , §1 ,

$$T_o(\mathcal{O}') = \mathcal{O}' , \quad T_1(\mathcal{O}') = \sum_{d(\mathcal{O}',\mathcal{O}'')=1} \mathcal{O}'' , \quad T_1T_n = T_{n+1} + qT_{n-1} .$$

Les matrices de Brandt $P(p^n)$ sont les matrices des homomorphismes P_n sur la base de $\mathbb{Z}[X/\Gamma]$ formée des sommets x_i images des ordres maximaux $\mathcal{O}_i$.
En effet, il suffit de le vérifier pour $n = 0,1$, puisque la dernière relation des T_n est vraie pour les P_n et les $P(p^n)$. Pour $n = 0$, c'est évident car $P(1)$ est la matrice identité. Pour $n = 1$, le

coefficient a_{ij} de la matrice de P_1 sur la base des x_i, défini par $P_1(x_i) = \Sigma\, a_{ij}\, x_j$, est :

$$a_{ij} = \mathrm{Card}\,\{\mathcal{O}'' \ ,\ f(\mathcal{O}'') = \mathcal{O}_j \ ,\ d(\mathcal{O}_i,\mathcal{O}'') = 1\} \ .$$

C'est le nombre des idéaux I entiers à gauche de $\mathcal{O}_i$ de norme réduite $p\mathbb{Z}$, tels que $I_i I$ soit équivalent à I_j. On reconnait là la définition de la matrice de Brandt $P(p)$.

Le groupe $\Gamma_{(\mathcal{O}',\mathcal{O}'')}$ des isométries de Γ fixant une arête $(\mathcal{O}',\mathcal{O}'')$ d'origine $\mathcal{O}'$ et d'extrémité $\mathcal{O}''$ est $(\mathcal{O}'^{\cdot} \cap \mathcal{O}''^{\cdot})/\mathbb{Z}^{\cdot}$. Le nombre $\mathrm{Card}\,\Gamma_{(\mathcal{O}',\mathcal{O}'')}$ s'appelle l'ordre de l'arête du graphe quotient X/Γ, image de $(\mathcal{O}',\mathcal{O}'')$. Pour tout sommet x du graphe quotient X/Γ, notons $A(x)$, resp. $S(x)$ l'ensemble des arêtes y de X/Γ d'origine x, resp. des extrémités des arêtes d'origine x, et $e(x)$, resp. $e(y)$, l'ordre du sommet x, resp. l'ordre de l'arête y. On a :

$$q+1 = e(x) \sum_{y \in A(x)} e(y)^{-1}$$

et l'homomorphisme P_1 est donné par :

$$P_1(x) = e(x) \sum_{x' \in S(x)} e(y)^{-1}\, x' \quad , \text{ où } x' \text{ est l'extrémité de } y .$$

On voit ainsi immédiatement que <u>la matrice de</u> P_1 <u>est symétrique sur la base</u> $(e(x)^{-\frac{1}{2}}x)$, où x parcourt les sommets de X/Γ. C'est simplement la matrice $(a(x,x'))$, où $a(x,x') = e(x,x')^{-1}$ si les sommets x, x' sont joints par une arête $y = (x,x')$ et $a(x,x') = 0$ s'il n'existe pas d'arête joignant x à x'.

C <u>Isomorphismes classiques</u>.

Nous allons expliquer comment certains isomorphismes de groupes finis peuvent se démontrer avec les quaternions. Soit $q = p^n$, $n \geqslant 0$, une puissance d'un nombre premier p, on a $\mathrm{Card}(GL(2,\mathbb{F}_q)) = (q^2-1)(q^2-q)$ et $\mathrm{Card}(SL(2,\mathbb{F}_q)) = (q-1)q(q+1)$. En particulier, $\mathrm{Card}(SL(2,\mathbb{F}_3)) = 24$, $\mathrm{Card}(GL(2,\mathbb{F}_3)) = 48$, $\mathrm{Card}\ SL(2,\mathbb{F}_4) = 60$, $\mathrm{Card}\ SL(2,\mathbb{F}_5) = 120$.

PROPOSITION 3.4. <u>Le groupe binaire tétréadral</u> E_{24} <u>d'ordre</u> 24 <u>est isomorphe à</u> $SL(2,\mathbb{F}_3)$.
<u>Le groupe alterné</u> A_5 <u>d'ordre</u> 60 <u>est isomorphe à</u> $SL(2,\mathbb{F}_4)$ <u>et le groupe binaire icosaédral</u> E_{120} <u>d'ordre</u> 120 <u>est isomorphe à</u> $SL(2,\mathbb{F}_5)$.

PREUVE : E_{24} est isomorphe au groupe des unités d'un ordre maximal (unique à isomorphisme près) $\mathcal{O}$ du corps de quaternions $\{-1,-1\}$ sur

$\mathbb{Q}$, de discriminant réduit 2 , et l'homomorphisme naturel $\mathcal{O} \to \mathcal{O}/3\mathcal{O} = M(2,\mathbb{F}_3)$ induit un isomorphisme de E_{24} sur $SL(2,\mathbb{F}_3)$.

E_{120} est isomorphe au groupe des unités de norme réduite 1 d'un ordre maximal (unique à isomorphisme près) $\mathcal{O}$ du corps de quaternions $\{-1,-1\}$ sur $\mathbb{Q}(\sqrt{5})$ non ramifié aux places finies. L'homomorphisme naturel $\mathcal{O} \to \mathcal{O}/2\mathcal{O} = M(2,\mathbb{F}_4)$ induit un homomorphisme de E_{120} sur $SL(2,\mathbb{F}_4)$ de noyau $\{\mp 1\}$, donc $A_5 = E_{120}/\{\mp 1\}$ est isomorphe à $SL(2,\mathbb{F}_4)$. L'homomorphisme naturel $\mathcal{O} \to \mathcal{O}/\sqrt{5}\mathcal{O}$ induit un isomorphisme de E_{120} sur $SL(2,\mathbb{F}_5)$.

D Construction du réseau de Leech.

Récemment Jacques Tits a donné une jolie construction du réseau de Leech grâce aux quaternions que nous allons donner comme un exemple d'application de la théorie arithmétique des quaternions. Signalons que J. Tits a ainsi obtenu une description géométrique élégante de 12 parmi les 24 groupes sporadiques définis actuellement (ces 12 groupes apparaissant comme des sous-groupes d'automorphismes du réseau de Leech).

DEFINITIONS. Un $\mathbb{Z}$-réseau L de dimension n est un sous-groupe de $\mathbb{R}^n$, isomorphe à $\mathbb{Z}^n$. On note x.y le produit scalaire usuel de $\mathbb{R}^n$. On dit que le réseau L est pair si tous les produits scalaires x.y sont entiers pour $x,y \in L$, et si tous les produits scalaires x.x sont pairs pour $x \in L$. On dit que L est unimodulaire s'il est égal à son réseau dual $L' = \{x \in \mathbb{R}^n , x.L \subset \mathbb{Z}\}$ par rapport au produit scalaire. On dit que deux réseaux sont équivalents s'il existe un isomorphisme de groupes de l'un sur l'autre conservant le produit scalaire.

On peut démontrer facilement qu'un réseau unimodulaire, pair est de dimension divisible par 8 , et même classer ces réseaux en dimension 8 , 16 , 24 où l'on a respectivement 1 , 2 , 24 classes. En dimension supérieure, la formule de Minkowki-Siegel, formule de masse analogue à celles que nous avons démontrées pour les algèbres de quaternions, et qui se résume comme elle à une formule pour un nombre de Tamagawa, démontre que le nombre de classes est gigantesque : il croît avec le nombre de variables, et il est déjà en dimension 32 supérieur à 80 millions ! Leech a découvert que l'un de ces réseaux en dimension 24 a une propriété remarquable qui le caractérise :

PROPOSITION 3.5. Le réseau de Leech est le seul réseau (à équivalence près) pair, unimodulaire, de dimension 24 , ne contenant aucun vecteur x avec $x.x = 2$.

Méthode de construction de réseaux unimodulaires pairs.

On choisit un corps commutatif K totalement réel, de degré pair $2n$, tel que la différente de K soit totalement principale au sens restreint, et on note H l'unique corps de quaternions à isomorphisme près qui est totalement défini sur K et non ramifié aux places finies. Soient R, Rd respectivement l'anneau des entiers de K et sa différente.

PROPOSITION 3.6. Les R-ordres maximaux de H munis du produit scalaire :

$$x.y = T_{K/\mathbb{Q}}(d^{-1}\ t(x\bar{y}))$$

sont des réseaux unimodulaires, pairs, de dimension $8n$.

PREUVE : On rappelle que l'inverse de la différente est le dual de l'anneau R des entiers de K par rapport à la forme bilinéaire $T_{K/\mathbb{Q}}(x\bar{y})$ définie par la trace $T_{K/\mathbb{Q}}$ de K sur $\mathbb{Q}$. Soit $\mathcal{O}$ un R-ordre maximal de H. Il est clair que $\mathcal{O}$ est isomorphe à un $\mathbb{Z}$-réseau de dimension $8n$. Il faut vérifier que la forme bilinéaire définie dans la proposition est équivalente au produit scalaire usuel, ou encore que la forme quadratique définie par $q(x) = 2T_{K/\mathbb{Q}}(d^{-1}\ n(x))$ est définie positive. En effet, $x \in H^{\cdot}$ implique $d^{-1}n(x)$ totalement positif et de trace strictement positive.
On vérifie que :

a) $x.y \in \mathbb{Z}$ et $x.x \in 2\mathbb{Z}$, car l'inverse de la différente Rd^{-1} s'envoie par la trace dans $\mathbb{Z}$.

b) $\mathcal{O}$ est égal à son dual $\mathcal{O}' = \{x \in H,\ T_{K/\mathbb{Q}}(d^{-1}t(x\mathcal{O}))\} \subset \mathbb{Z} = \{x \in H,\ t(x\mathcal{O}) \in R\}$ car H n'est pas ramifiée aux places finies.

Construction du réseau de Leech.

Pour des raisons à priori curieuses pour un non-spécialiste des groupes finis, justifiées par la présence du groupe binaire icosaédral dans le groupe des automorphismes du réseau de Leech, la construction de Tits pour ce réseau utilise le corps de quaternions H totalement défini et non ramifié sur $K = \mathbb{Q}(\sqrt{5})$. On a vu qu'un R-ordre maximal $\mathcal{O}$, muni du produit scalaire de la proposition précédente est un réseau pair unimodulaire d'ordre 8, et l'on rappelle que si $\tau = (1+\sqrt{5})/2$,

$$R = \mathbb{Z}[1,\tau] \quad \text{et} \quad x.y = T_{K/\mathbb{Q}}(2x\bar{y}/(5+\sqrt{5}))\ .$$

On observe pour plus tard que les seuls entiers x totalement positifs de R de trace $T_{K/\mathbb{Q}}(x) \leqslant 4$ sont

(1) $0, 1, 2, \tau^2 = (3+\sqrt{5})/2 \ , \ \tau^{-2} = (3-\sqrt{5})/2 \ .$

Quoique cela ne soit pas utile ici, on se souvient que l'on a montré que $\mathcal{O}$ est unique à isomorphisme près, et que l'on a donné une R-base explicite d'un ordre $\mathcal{O}$ en exercice. Le groupe des unités de norme réduite 1 de $\mathcal{O}$, noté $\mathcal{O}^1$ est isomorphe au groupe binaire icosaédral d'ordre 120, et contient des racines cubiques de l'unité. Soit x l'une d'elles, posons $e = x+\tau$. On vérifie immédiatement que $n(e) = 2$, et $e^2 = e \bmod 2$.

On note h la forme hermitienne standard du H-espace vectoriel H^3 :

$$h(x,y) = \Sigma\, x_i\bar{y}_i \quad , \quad \text{si} \quad x = (x_i) \quad \text{et} \quad y = (y_i) \quad \text{appartiennent à} \quad H^3$$

d'où l'on déduit sur $\mathbb{R}^{24}$ un <u>produit scalaire</u> induit par la $\mathbb{Q}$-forme bilinéaire du $\mathbb{Q}$-espace vectoriel H^3 de dimension 24 :

$$x.y = T_{K/\mathbb{Q}}(2h(x,y)/(5+\sqrt{5}))$$

Le <u>réseau de Leech</u> est le réseau L de $\mathbb{R}^{24}$ muni du produit scalaire précédent et défini de l'une des deux façons équivalentes suivantes :

(a) $L = \{x \in \mathcal{O}^3 \ , \ ex_1 \equiv ex_2 \equiv ex_3 \equiv \Sigma\, x_i \bmod 2\}$

(b) L est le $\mathcal{O}$-module libre de base $f = (1,1,e)$, $g = (0,\bar{e},\bar{e})$, $h = (0,0,2)$.

On vérifie que l'on obtient bien le réseau de Leech. En effet le réseau L est :

- pair, car $x,y \in \mathbb{Z}$ et $x.x \in 2\mathbb{Z}$, c'est évident

- unimodulaire, car si $x \in H^3$ l'égalité $x.L \subset \mathbb{Z}$ est équivalente à $h(x,L) \subset 2R$ et la définition (b) montre que cette dernière inclusion est équivalente à $x \in L$

- ne contient aucun élément x tel que $x.x = 2$. Sinon si $x \in L$, $x.x = 2$, posons $r_i = n(x_i)$. On a $\Sigma\, r_i = 2$, et comme les éléments r_i sont totalement positifs, (1) implique que l'un d'entre eux au moins doit s'annuler. La définition (a) du réseau implique alors que $ex_i \in 2\mathcal{O}$, pour tout $1 \leqslant i \leqslant 3$, d'où $2n(x_i) \in 4R$ et $x_i \in 2\mathcal{O}$. En reprenant le même raisonnement, on voit qu'au plus un des x_i n'est pas nul et $r_i \in 4R$, d'où contradiction.

E Tables.

Si H est une algèbre de quaternions totalement définie sur $\mathbb{Q}$, i.e. $H_R = \mathbb{H}$ le corps des quaternions de Hamilton, de discriminant réduit $D = \prod_{p \in \mathrm{Ram}\, H} p$ le nombre de classes et le nombre de types des ordres d'Eichler de niveau N sans facteur carré est donné par les formules :

$$h = h(D,N) = \frac{1}{12} \prod_{p|D} (p-1) \prod_{p|N} (p+1) + \frac{1}{4} f(D,N)^{(1)} + \frac{1}{3} f(D,N)^{(3)}$$

$$t = 2^{-r} \sum_{m|DN} tr(m)$$

où r est le nombre de diviseurs premiers de DN

$$f(D,N)^{(m)} = \prod_{p|D} \left(1 - \left(\frac{d(-m)}{p}\right)\right) \prod_{p|N} \left(1 + \left(\frac{d(-m)}{p}\right)\right)$$

d(-m) et h(-m) sont le discriminant et le nombre de classes de $\mathbb{Q}(\sqrt{-m})$.

$$d(-m) = \begin{cases} -m, & \text{si } m \equiv -1 \bmod 4 \\ -4m, & \text{si } m \not\equiv -1 \bmod 4 \end{cases}, \quad d(-1) = -4, \quad d(-3) = -3$$

$$g(D,N)^{(m)} = 2 \prod_{p|D} \left(1 - \left(\frac{d(-m)}{p}\right)\right) \prod_{p|(N/2)} \left(1 + \left(\frac{d(-m)}{p}\right)\right), \text{ défini si } N \text{ est pair.}$$

On pose :

$$a(m) = \begin{cases} 1, & \text{si } m \not\equiv -1 \bmod 4 \\ 2, & \text{si } m \equiv 7 \bmod 8 \text{ ou } m = 3 \\ 4, & \text{si } m \equiv 3 \bmod 8 \text{ et } m \neq 3 \end{cases}$$

$$b(m) = \begin{cases} a(m), & \text{si } m \not\equiv 3 \bmod 8 \text{ ou } m = 3 \\ 3, & \text{si } m \equiv 3 \bmod 8 \text{ et } m \neq 3 \end{cases}$$

les nombres tr(m) sont les traces des matrices de Brandt $P(\mathbb{Z}m)$, pour $m|DN$

$$2\, tr(m) = \begin{cases} f(D,N)^{(m)}\, h(-m), & \text{si } D \text{ est pair} \\ f(D,N)^{(m)}\, h(-m)\, a(m), & \text{si } DN \text{ est impair} \\ g(D,N)^{(m)}\, h(-m)\, b(m), & \text{si } N \text{ est pair} \end{cases}.$$

Le nombre de classes des idéaux pour la relation $J = aIb$, I,J idéaux d'ordres de niveau N, $a,b \in H^{\cdot}$ est donné par la formule

$$h^{+} = 2^{-r} \sum_{m|DN} tr(m)^2 .$$

Ces tables ont été calculées par Henri Cohen au centre de calcul de Bordeaux.

D	N	h	T	h^+	D	N	h	T	h^+	D	N	h	t	h^+
2	1	1	1	1	3	35	8	2	12	5	53	18	7	94
2	3	1	1	1	3	37	8	5	34	5	57	28	8	144
2	5	1	1	1	3	38	10	3	20	5	58	30	6	128
2	7	2	1	2	3	41	8	3	20	5	59	20	7	116
2	11	1	1	1	3	43	8	5	30	5	61	22	8	138
2	13	3	2	5	3	46	12	3	24	5	62	32	7	156
2	15	2	1	2	3	47	8	3	20	5	66	48	5	158
2	17	2	2	4	3	53	10	5	50	5	67	24	12	230
2	19	3	2	5	3	55	12	3	28	5	69	32	7	152
2	21	4	2	6	3	58	16	5	56	5	71	24	8	160
2	23	2	1	2	3	59	10	3	26	5	73	26	10	198
2	29	3	2	5	3	61	12	7	62	5	74	38	7	194
2	31	4	2	8	3	62	16	5	56	5	77	32	8	156
2	33	4	2	6	3	65	16	4	48	5	78	56	6	216
2	35	4	2	6	3	67	12	6	50	5	79	28	11	260
2	37	5	3	13	3	70	24	3	42	5	82	42	8	234
2	39	6	2	10	3	71	12	4	40	5	83	28	13	258
2	41	4	3	10	3	73	14	7	70	5	86	44	11	350
2	43	5	3	13	3	74	20	6	88	5	87	40	8	228
2	47	4	2	8	3	77	16	5	56	5	89	30	9	230
2	51	6	2	8	3	79	14	8	84	5	91	40	9	260
2	53	5	3	11	3	82	22	5	72	5	93	44	10	288
2	55	6	2	10	3	83	14	5	58	5	94	48	11	356
2	57	8	3	16	3	85	20	6	80	5	97	34	12	318
2	59	5	3	11	3	86	22	5	72	5	101	34	10	294
2	61	7	4	21	3	89	16	5	68	7	1	1	1	1
2	65	8	3	16	3	91	20	5	64	7	2	2	2	4
2	67	7	4	25	3	94	24	5	84	7	3	2	1	2
2	69	8	2	12	3	95	20	5	68	7	5	4	2	8
2	71	6	2	10	3	97	18	8	102	7	6	6	2	8
2	73	8	5	34	3	101	18	7	106	7	10	10	3	20
2	77	8	2	12	5	1	1	1	1	7	11	6	4	18
2	79	8	3	20	5	2	1	1	1	7	13	8	3	20
2	83	7	4	21	5	3	2	2	4	7	15	12	4	32
2	85	10	3	20	5	6	4	2	6	7	17	10	5	50
2	87	10	3	22	5	7	4	3	10	7	19	10	3	26
2	89	8	5	30	5	11	4	2	8	7	22	18	5	52
2	91	12	4	30	5	13	6	3	14	7	23	12	7	62
2	93	12	4	32	5	14	8	3	16	7	26	22	5	72
2	95	10	2	14	5	17	6	3	14	7	29	16	8	90
2	97	10	6	52	5	19	8	4	32	7	30	36	5	102
2	101	9	5	35	5	21	12	4	32	7	31	16	5	68
3	1	1	1	1	5	22	12	4	32	7	33	24	7	108
3	2	1	1	1	5	23	8	5	30	7	34	28	7	152
3	5	2	1	2	5	26	14	3	28	7	37	20	8	118
3	7	2	2	4	5	29	10	4	30	7	38	30	6	128
3	10	4	2	6	5	31	12	5	52	7	39	28	5	108
3	11	2	1	2	5	33	16	3	36	7	41	22	9	170
3	13	4	3	10	5	34	18	4	48	7	43	22	8	130
3	14	4	2	6	5	37	14	6	66	7	46	36	9	196
3	17	4	2	8	5	38	20	6	88	7	47	24	9	180
3	19	4	3	10	5	39	20	5	68	7	51	36	9	224
3	22	6	2	8	5	41	14	5	54	7	53	28	13	270
3	23	4	2	8	5	42	32	4	78	7	55	36	7	180
3	26	8	3	18	5	43	16	9	118	7	57	40	8	236
3	29	6	3	18	5	46	24	7	108	7	58	46	10	298
3	31	6	4	20	5	47	16	8	94	7	59	30	10	250
3	34	10	3	20	5	51	24	6	100	7	61	32	9	260

D	N	h	t	h^+
7	62	48	8	308
7	65	44	11	316
7	66	72	8	376
7	67	34	12	310
7	69	48	11	348
7	71	36	16	410
7	73	38	13	410
7	74	58	12	462
7	78	84	9	482
7	79	40	14	430
7	82	64	13	620
7	83	42	14	490
7	85	56	12	460
7	86	66	13	584
7	87	60	12	508
7	89	46	17	650
7	93	64	11	548
7	94	72	11	668
7	95	60	11	500
7	97	50	17	706
7	101	52	16	712
11	1	2	2	4
11	2	3	2	5
11	3	4	3	10
11	5	6	4	18
11	6	10	3	20
11	7	8	3	20
11	10	16	5	50
11	13	14	6	74
11	14	20	4	56
11	15	20	5	64
11	17	16	5	68
11	19	18	7	106
11	21	28	7	128
11	23	20	8	114
11	26	36	9	222
11	29	24	9	194
11	30	60	7	254
11	31	28	13	258
11	34	46	9	296
11	35	40	7	212
11	37	34	14	358
11	38	50	9	332
11	39	48	10	348
11	41	36	12	360
11	42	80	9	452
11	43	38	11	370
11	46	60	12	498
11	47	40	15	438
11	51	60	9	460
11	53	46	16	558
11	57	68	13	640
11	58	76	14	786
11	59	50	19	690
11	61	54	21	954
11	62	80	15	852
11	65	72	11	664
11	67	58	19	874
11	69	80	17	908
11	70	120	12	952
11	71	60	22	978
11	73	64	21	1124
11	74	96	18	1290
11	78	140	14	1348
11	79	68	21	1220
11	82	106	18	1472
11	83	70	19	1234
11	85	92	16	1164
11	86	110	17	1538
11	87	100	14	1260
11	89	76	27	1548
11	91	96	19	1268
11	93	108	21	1600
11	94	120	22	1920
11	95	100	16	1308
11	97	84	29	1916
11	101	86	27	1970
13	1	1	1	1
13	2	3	2	5
13	3	4	2	8
13	5	6	3	14
13	6	12	4	32
13	7	8	4	22
13	10	18	4	48
13	11	12	7	66
13	14	24	6	88
13	15	24	7	100
13	17	18	7	98
13	19	20	8	114
13	21	32	5	132
13	22	36	9	222
13	23	24	10	208
13	29	30	10	242
13	30	72	9	372
13	31	32	11	270
13	33	48	12	364
13	34	54	10	382
13	35	48	10	348
13	37	38	12	378
13	38	60	12	498
13	41	42	14	466
13	42	96	9	606
13	43	44	15	548
13	46	72	13	724
13	47	48	20	702
13	51	72	13	712
13	53	54	19	830
13	55	72	12	672
13	57	80	12	820
13	58	90	14	1034
13	59	60	24	1058
13	61	62	17	966
13	62	96	17	1204
13	66	144	15	1432
13	67	68	24	1282
13	69	96	17	1288
13	70	144	14	1420
13	71	72	27	1446
13	73	74	21	1382
13	74	114	18	1662
13	77	96	18	1256
13	79	80	22	1616
13	82	126	19	2010
13	83	84	33	2090
13	85	108	17	1500
13	86	132	25	2364
13	87	120	19	1864
13	89	90	29	2110
13	93	128	19	2100
13	94	144	26	2764
13	95	120	20	1888
13	97	98	28	2430
13	101	102	29	2638
17	1	2	2	4
17	2	4	2	6
17	3	6	4	18
17	5	8	3	18
17	6	16	4	40
17	7	12	7	66
17	10	24	5	80
17	11	16	7	76
17	13	20	8	120
17	14	32	9	188
17	15	32	7	156
17	19	28	9	212
17	21	44	10	304
17	22	48	10	324
17	23	32	14	318
17	26	56	9	404
17	29	40	13	418
17	30	96	10	636
17	31	44	18	578
17	33	64	12	544
17	35	64	12	572
17	37	52	18	758
17	38	80	13	828
17	39	76	17	812
17	41	56	17	804
17	42	128	13	1144
17	43	60	21	1044
17	46	96	20	1292
17	47	64	20	1088
17	53	72	22	1336
17	55	96	17	1260
17	57	108	19	1520
17	58	120	20	1872
17	59	80	22	1616
17	61	84	25	1798
17	62	128	25	2248
17	65	112	18	1616
17	66	192	17	2384
17	67	92	31	2372
17	69	128	21	2100
17	70	192	18	2448

A l'aide des tables, on peut démontrer qu'il y a 10 ordres d'Eichler de niveau sans facteur carré N de corps de quaternions totalement définis sur $\mathbb{Q}$ de discriminant réduit D de nombre de classes 1 (à isomorphisme près). On les obtient avec :

D	N
2	1 , 3 , 5 , 11
3	1 , 2
5	1 , 2
7	1
13	1

Des calculs explicites pour les algèbres de quaternions totalement définies sur un <u>corps quadratique réel</u> $\mathbb{Q}(\sqrt{m})$ permettent de démontrer que les ordres d'Eichler de niveau N sans facteur carré des algèbres de quaternions totalement définies sur $\mathbb{Q}(\sqrt{m})$ de discriminant réduit D , ayant un nombre de classes égal à h_m^+ le nombre de classes au sens restreint de $\mathbb{Q}(\sqrt{m})$ sont obtenues avec :

m	D	N
2	$1, p_2p_3, p_2p_5, p_2p_7^{(i)}$	1
	1	$p_2, p_7^{(i)}, p_{23}^{(i)}$
3	$1, p_2p_3, p_2p_5, p_2p_{13}^{(i)}, p_3p_{13}^{(i)}$	1
	1	$p_2, p_3, p_{11}^{(i)}$
5	$1, p_2p_5, p_2p_{11}^{(i)}$	1
	1	$p_2, p_3, p_5, p_{11}^{(i)}, p_{19}^{(i)}, p_{29}^{(i)}, p_{59}^{(i)}$
6	$p_2p_3, p_3p_5^{(i)}$	1
13	$1, p_2p_3^{(i)}$	1
	1	$p_5^{(i)}$
15	p_2p_3	1
17	1	$1, p_2^{(i)}$
21	$1, p_2p_3$	1
	1	$p_5^{(i)}$
33	$p_2^{(i)}p_3$	1

Il y a 54 couples (D,N). Les idéaux $p_a^{(i)}$, $i = 1,2$, représentent les idéaux premiers de $\mathbb{Q}(\sqrt{m})$ au-dessus de a . Pour ces différentes valeurs de m , on a

m	2	3	5	6	7	13	15	17	21	33
$\zeta_{Q(\sqrt{m})}(-1)$	1/12	1/6	1/30	1/2	2/3	1/6	2	1/3	1/3	1
h_m^+	1	2	1	2	2	1	4	1	2	2

Corps cubique abélien : Les ordres d'Eichler de niveau sans facteur carré N , dans une algèbre de quaternions totalement définie de discriminant réduit D sur un corps cubique abélien de discriminant m^2 , ayant un nombre de classes égal au nombre de classes au sens restreint h_m^+ du centre sont les 19 ordres maximaux donnés par la liste suivante :

m	équation	$\zeta(-1)$	D
7	x^3-7x-7	-1/21	p_2 , p_3 , $p_{13}^{(i)}$, $p_{29}^{(i)}$, $p_{43}^{(i)}$
9	x^3-3x+1	-1/9	p_3 , $p_{19}^{(i)}$, $p_{37}^{(i)}$
13	x^3-x^2-4x-1	-1/3	p_{13}

Référence (Vignéras-Gueho [3]).

EXERCICE. Ordres euclidiens. Démontrer qu'il existe exactement 3 algèbres de quaternions totalement définies sur $\mathbb{Q}$, dont les ordres maximaux (sur $\mathbb{Z}$) sont euclidiens pour la norme. Leurs discriminants réduits sont 2 , 3 , 5 .

BIBLIOGRAPHIE

Les références antérieures à 1934 ne figurent pas dans cette bibliographie, car on peut les trouver dans le livre de Deuring [1]. On complètera utilement les références ci-dessous avec celles du livre de Reiner [1], qui sont complémentaires, mis à part quelques exceptions.

G. AEBERLI [1] Der Zusammenhang zwischen quaternären quadratischen Formen und Idealen in Quaternionenringen. Comment. Math. Helv. 33 (1959), 212-239.

B. BECK [1] Sur les équations polynômiales dans les quaternions. A paraître à l'Enseignement Mathématique (1980).

G. BENNETON [1] Sur un problème d'Euler. C. R. Acad. Sci. Paris 214 (1942), 459-461.

[2] Sur l'arithmétique des quaternions. C. R. Acad. Sci. Paris 214 (1942), 406-408.

[3] Sur l'arithmétique des quaternions et des biquaternions. Ann. Sci. Ecole Norm. Sup. (3) 60 (1943), 173-214.

[4] Une arithmétique des biquaternions. C. R. Acad. Sci. Paris 216 (1943), 262-264.

[5] Arithmétique des quaternions. Bull. Soc. Math. France 71 (1943), 78-111.

M. BERGER, P. GAUDUCHON, M. MAZET [1] Le spectre d'une variété riemannienne. Springer-Verlag Lecture Notes 194 (1971).

A. BLANCHARD [1] Les corps non commutatifs. Presses Universitaires de France, Collection SUP (1972).

N. BOURBAKI [1] Algèbre, ch. 8. Hermann, Paris (1972).

[2] Topologie Générale, ch. 1 à 4 . Hermann, Paris (1971).

[3] Topologie Générale, ch. 5 à 8 . Hermann, Paris (1971).

H. BRANDT [1] Über die Zerlegungsgesetze der rationalen Zahlen in Quaternionenkörpern. Math. Ann. 117 (1941), 758-763.

[2] Zur Zahlentheorie der Quaternionen. Jber. Deutsch. Math.-Verein. 53 (1943), 23-57.

R. BRAUER [1] Algebra des Hyperkomplexer Zahlensysteme (Algebren). Math. J. Okayama Univ. 21 (1979), 53-89.

D.M. BROWN [1] Arithmetics of rational generalized quaternion algebras. Bull. Amer. Math. Soc. 46 (1940), 899-908.

J.H.H. CHALK [1] An estimate for the fundamental solutions of a generalized Pell equation. Math. Annalen 132 (1956) 263-276.

[2] Quelques équations de Pell généralisées. C. R. Acad. Sci. Paris Sér. A-B 244 (1957) 985-988.

[3] Generating Sets for Fuchsian Groups. Proc. R.S.E. 72, 27 (1974/74), 317-326.

[4] Genrators of Fuchsian Groups. Tôhoku Math. J. 26, n° 2 (1974), 203-218.

[5] Diophantine Pellian Equations and Units of Quaternion Algebras. Preprint 1977.

P. CARTIER et D. HEJHAL [1] Sur les zéros de la fonction zêta de Selberg. Preprint Paris, 1979.

I.V. CEREDNIK [1] Uniformization of algebraic curves by discrete arithmetic sybgroups of $PGL_2(k_w)$ with compact quotient spaces. Math. Sb. 100 (1942) (1976), 59-88.

H. COHEN [1] Tables numériques des valeurs des fonctions zêta des corps quadratiques réels aux entiers négatifs. Mathematics of computation, UMT file, et preprint 1974.

H. COHEN et J. OESTERLE [1] Dimension des espaces de formes modulaires. Modular Functions of One Variable VI, Springer-Verlag Lecture Notes 627 (1977).

M. COXETER [1] The binary polyhedral groups and other generalizations of the quaternion group. Duke Math. J. 7 (1940), 367-379.

[2] Regular Complex Polytopes. Cambridge University Press (1974).

K. DEDEKIND [1] Uber die Anzahl der Ideal-Klassen in den verschiedinen Ordnungen eines endlicher Kôrpers. Gesammelte Werke 1.

J. DIEUDONNE [1] La géométrie des groupes classiques. Springer-Verlag, Ergebnisse der Math. und ihrer Grenzgebiete, 3e Ed. (1971).

[2] Algèbre linéaire et géométrie élémentaire, Annexe IV. Hermann, Paris (1964).

M. DEURING [1] Algebren. Springer-Verlag, Ergebnisse der Math. und ihrer Grenzgebiete (1935).

[2] Die Anzahl der Typen von Maximalordnungen in einer Quaternionenalgebra von primer Grundzahl. Nachr. Akad. Wiss. Göttingen Math. - Phys. KL (1945), 48-50.

[3] Die Anzahl der Typen von Maximalordnungen einer definiten Quaternionenalgebra mit primer Grundzhal. Jber. Deutsch. Math. - Verein. 54 (1950), 24-41.

M. EICHLER [1] Untersuchen in der Zahlentheorie der rationalen Quaternionenalgebren. J. Reine Angew. Math. 174 (1936), 129-159.

[2] Über die Klassenzahl total definiter Quaternionenalgebren. Math. Z. 43 (1937), 102-109.

[3] Bestimmung der Idealklassenzahl in gewissen normalen einfachen Algebren. J. Reine Angew. Math. 176 (1937), 192-202.

[4] Uber die Idealklassenzahl hyperkomplexer Systeme. Math. Z. 43 (1938), 481-494.

[5] Allgemeine Kongruenzklasseneinteilungen der Ideale einfacher Algebren über algebraischen Zahlkörpern und ihre L-Reihen. J. Reine Angew. Math. 179 (1938), 227-251.

[6] Arithmetics of orthogonal groups. Proc. of the Internat. Congress of Math. Cambridge (1950) vol. 2, 65-70.

[7] Quadratische Formen und orthogonale Gruppen. Springer-Verlag (1952).

[8] Zur Zahlentheorie der Quaternionen-Algebren. J. Reine Angew. Math. 195 (1955), 127-151. Berichtigung : J. Reine Angew. Math. 197 (1957), 220.

[9] Uber die Darstellbarkeit von Modulformen durch Thetareihen. J. Reine Angew. Math. 195 (1955), 156-171. Berichtigung : J. Reine Angew. Math. 196 (1956), 155.

[11] Quadratische Formen und Modulfunktionen. Acta Arith. IV (1958), 217-239.

[12] The Basis Problem for Modular Forms and the Traces of the Hecke Operators. Modular Functions of One Variable, Springer-Verlag Lecture Notes 320 (1973). Corrigenda Springer-Verlag Lecture Notes 476.

[13] Theta Functions over $\mathbb{Q}$ and over $\mathbb{Q}(\sqrt{q})$. Modular Functions of One Variable VI, Springer-Verlag 627 (1977).

[14] On theta functions of real algebraic number fields. Acta Arith. XXXIII (1977), 269-292.

H.G. FRANKE Kurven in Hilbertsche Modulflächen und Humbertsche Flächen im Siegel-Raum. Bonner Mathematischen Schriften. Bonn (1978).

R. FRICKE, F. KLEIN [1] Vorlesungen über die Theorie der automorphen Funktionen I, II (1897). Teubner reprint (1965).

R. FUETER [1] Zur Theorie der Brandtschen Quaternionenalgebren. Math. Ann. 110 (1935), 650-661.

G. FUSIJAKI [1] On the Zeta-Function of the Simple Algebra over the Field of Rational Numbers. J. Fac. Sci. Univ. Tokyo Sect. IA Math.

I.M. GELFAND [1] Automorphic Functions and the Theory of Representations. Proc. Internat. Congress of Math. Stockholm (1962).

I.M. GELFAND, M.I. GRAEV, I.I. PIATETSKII-SHAPIRO [1] Representation Theory and Automorphic Functions. W.B. Saunders (1969).

R. GODEMENT [1] Les fonctions ζ des algèbres simples I et II. Séminaire Bourbaki 1958/1959, Exposés 171 et 176.

[2] Notes on Jacquet-Langlands'theory. Preprint I.A.S. (1970).

R. GODEMENT, H. JACQUET [1] Zeta Functions of Simple Algebras. Springer-Verlag Lecture Notes 260 (1972).

M.-F. GUEHO [1] Corps de quaternions et fonction zêta au point -1 . C. R. Acad. Sci. Paris Sér. A-B 274 (1972), 296-298 et thèse de 3e cycle, Bordeaux (1972).

Ki-I HASHIMOTO [1] Twisted Trace Formula of the Brandt Matrix. Proc. Japan Acad. Ser. A Math. Sci. 53 (1977), 98-102.

H. HASSE [1] Über die Klassenzahl abelscher Zahlkörper. Akademie Verlag Berlin (1952).

H. HASSE und O. SCHILLING [1] Die Normen aus einer normalen Divisionsalgebra. J. Reine Angew. Math. 174 (1936), 248- 252.

W. HAUSMANN Kurven auf Hilbertschen Modulflächen. Dissertation, Bonn (1979).

E. HECKE [1] Analytische Aritmetik der positiven quadratischen Formen (1940). Math. Werke, Vandenhoeck Ruprecht, Göttingen (1970), 789-918.

H. HELLING [1] Bestimmung der Kommensurabilitätklasse der Hilbertschen-Modulgruppe. Math. Z. 92 (1966), 269-280.

H. HIJIKATA [1] Explicit Formula of the traces of Hecke operators for $\Gamma_0(N)$. J. Math. Soc. Japan 26 n°1 (1974), 56-82.

T. HIRAMATSU [1] Eichler maps and hyperbolic Fourier expansion. Nagoya Math. J. 40 (1970), 173-192.

R. HULL [1] The maximal orders of generalized quaternions algebras. Trans. Amer. Math. Soc. 40 (1936), 1-11.

[2] On Units of Indefinite Quaternions Algebras. Amer. J. of Math., 61 (1939), 365-374.

J. IGUSA [1] Class number of a definite quaternion with prime discriminant. Proc. Nat. Acad. Sci. U.S.A. 44 (1958), 312-314.

Y. IHARA [1] The congruence monodromy problems. J. Math. Soc. Japan 20 (1968), 107-121.

[2] On congruence monodromy problems. Math. Univ. Tokyo Lecture Notes 1, 2 (1968).

H. JACQUET, R.P. LANGLANDS [1] Automorphic Forms on GL(2). Springer-Verlag Lecture Notes 114 (1970).

M. KUGA and G. SHIMURA [1] On the zeta function of a fibre variety whose fibres are abelian varieties. Ann. of Math. (2) 82 (1965), 478-539.

M. KNESER [1] Approximationssätze für algebraische Gruppen. J. Reine Angew. Math. 209 (1962), 96-97.

[2] Starke Approximation in algebraischen Gruppen. J. Reine Angew. Math. 218 (1965) 190-203.

[3] Stong Approximation. Algebraic Groups and Discontinuous Subgroups. Proc. Sympos. Pure Math. Boulder 1965. Amer. Math. Soc. (1966), IX, 187-196.

A. KURIHARA [1] On some examples of equations defining Shimura curves and the Mumford uniformization. J. Fac. Sci. Univ. Tokyo Sec. IA 25 n°3 (1979), 277-300.

T.Y. LAM [1] The Algebraic Theory of Quadratic Forms. W.A. Benjamin Inc, (1970).

S. LANG [1] Exposé au séminaire Delange-Pisot-Poitou (1978).

C.G. LATIMER [1] On the class number of a quaternion algebra with a negative fundamental number. Trans. Amer. Math. Soc. 40 (1936), 318-323.

[2] Quaternion algebras. Duke Math. J. 15 (1948), 357-366.

H. LEPTIN [1] Die Funktionalgleichung der Zeta-Funktion einer einfacher Algebra. Abh. Math. Sem. Hamburg 19 (1955), 198-220.

Yu. V. LINNIK [1] Quaternions and Cayley numbers ; some applications of the arithmetic of quaternions. Uspehi Mat. Nauk. 4 n°5 (33), (1949), 49-98.

[2] Quaternions and Cayley numbers. Math. Centrum Amsterdam (1959).

[3] Application of the theory of Markov chains to the arithmetic of quaternions. Uspehi Mat. Nauk. 9 n°4 (62), (1954), 203-210.

[4] Markov chains in the analytical arithmetic of quaternions and matrices. Vestnik Leningrad Univ. 11 (1956), 63-68.

H. MAAS [1] Beweis des Normensatzes in einfachen hyperkomplexen Systemen. Abh. Math. Sem. Hamburg 12 (1937), 64-69.

[2] Die Bestimmung der Dirichletreihen mit Grössencharakteren zu den Modulformen n-ten Grades. J. Indian Math. Soc. 19 (1955), 1-23.

W. MAGNUS [1] Noneuclidean tesselations and their groups. Academic Press (1974).

J.-F. MICHON [1] Courbes de Shimura hyperelliptiques. Preprint Paris 1980.

J. MILNOR [1] Eigenvalues of the Laplace Operator of certain manifolds. P.N.A.S. 51 n°4 (1964) 542.

D. MUMFORD [1] An analytic construction of degenerating curves over complete local rings. Compositio Math., 24 (1972), 129-174.

I. NIVEN [1] Equations in quaternions. Ann. Math. Monthly 48 (1941), 654-661.

[2] A note on the number theory of quaternions. Duke Math. J. 13 (1946), 397-400.

A. NOBS [1] Konstruktion von automorphen Funktionen durch Spezialisierung von Siegelschen Modulfunktionen. Thèse Basel (1972).

J. OESTERLE [1] Sur la trace des opérateurs de Hecke. Thèse de 3e cycle, Orsay 1977.

O.T. O'MEARA [1] Introduction to quadratic forms. Springer-Verlag (1963).

T. ONO [1] On Tamagawa Numbers. Algebraic Groups and Discontinuous Subgroups. Proc. Sympos. Pure Math. Boulder 1965. Amer. Math. Soc. (1966), 122-132.

G. PALL [1] Quaternions and sums of three squares. Amer. J. Math. 64 (1942), 503-513.

[2] On generalized quaternions. Trans. Amer. Math. Soc. 59 (1946), 280-332.

M. PETERS [1] Ternäre und quaternäre quadratische Formen und Quaternionenalgebren. Acta Arith. 15 (1968/69), 329-365.

A. PIZER [1] Type numbers of Eichler orders. J. Reine Angew. Math. 264 (1973), 76-102. Dissertation, Yale Univ. 1971.

[2] On the arithmetic of quaternion algebras I. Acta Arith. 31 (1976) n°1, 61-89.

[3] On the arithmetic of quaternion algebras II. J. Math. Soc. Japan 28 (1976), n°4, 676-688.

[4] The representability of modular forms by theta series. J. Math. Soc. Japan 28 (1976), 689-698.

[5] A note on a conjecture of Hecke. Pacific J. of Math. 72 (1978), 541-548.

[6] An algorithm for computing modular forms. Preprint (1979), University of Rochester. To appear in J. of Algebra.

H. POINCARE [1] Oeuvres. Gauthiers-Villars, Paris (1916) tome II. Théorie des groupes fuchsiens, 108-168. Mémoire sur les groupes kleinéens, 258-299.

B. POLLAK [1] The equation $\bar{t}at = b$ in a quaternion algebra. Duke Math. J. 27 (1960), 261-271.

P. PONOMAREV [1] Class numbers of positive definite quaternary forms. Bull. Amer. Math. Soc. 76 (1970), 261-271.

[2] Class number of definite quaternary forms with nonsquare discriminant. Bull. Amer. Math. Soc. 79 (1973), 594-598.

[3] Class Numbers of Definite Quaternary Forms with Square Discriminant. J. Number Theory 6 (1974), 291-317.

[4] Arithmetic of quaternary quadratic forms. Acta Arith. 29 (1976), 1-28.

[5] A correspondence between quaternary quadratic forms. Nagoya Math. J. 62 (1976), 125-140.

G. PRASAD [1] Stong approximation for semi-simple groups over function fields. Ann. of Math. 105 (1977), 553-572.

A. PRESTEL [1] Die elliptischen Fixpunkte der Hilbertschen Modulgruppen. Math. Ann. 117 (1968), 181-209.

G. De RHAM [1] Sur la réductibilité d'un espace de Riemann. Comment. Math. Helv. 26 (1952), 328-344.

I. REINER [1] Maximal Orders. Academic Press (1975).

B. RIEMANN [1] Sur le nombre des nombres premiers inférieurs à une grandeur donnée. Oeuvres, A. Blanchard, Paris (1968) p. 164-176.

E. ROSENTHAL [1] Multiplicative Diophantine equations in quaternions. Amer. J. Math. 71 (1949), 791-799.

O. SCHILLING [1] Uber gewisse Beziehungen zwischen der Arithmetik hyperkomplexer Zahlsysteme und algebraischer Zahlkörper. Math. Ann. 111 (1935), 372-398.

V. SCHNEIDER [1] Die elliptischen Fixpunkte zu Modulgruppen in Quaternionenschiefkörpern. Math. Ann. 217 (1975), 29-45.

B. SCHOENEBERG [1] Uber die Quaternionen in der Theorie der elliptischen Modulfunktionen. J. Reine Angew. Math. 193 (1954), 84-93.

A. SELBERG [1] Harmonic analysis and discontinuous groups in weakly symmetric Riemannian spaces with applications to Dirichlet series. J. Indian Math. Soc. 20 (1956), 47-87.

J.-P. SERRE [1] Corps Locaux. Actualités Scientifiques et Industrielles. Hermann Paris (1966), 2e édition.

[2] Cours d'arithmétique. Presses Universitaires de France, collection PUF (1970).

[3] Arbres, amalgames, SL_2 . Astérisque 46 (1977).

H. SHIMIZU [1] On discontinuous groups operating on the product of the upper half planes. Ann. of Math. (2) 77 (1963), 33-71.

[2] On traces of Hecke operators. J. Fac. Sci. Univ. Tokyo Sect. IA 10 (1963), 1-19.

[3] On zeta functions of quaternion algebras. Ann. of Math. (2) 81 (1965), 166-193.

G. SHIMURA [1] On the theory of automorphic functions. Ann. of Math. (2) 70 (1959) 101-144.

[2] On the zeta-functions of the algebraic curves uniformized by certain automorphic functions. J. Math. Soc. Japan 13 (1961), 275-331.

[3] Class-fields and automorphic functions. Ann. of Math. (2) 80 (1964), 444-463.

[4] On the field of definition for a field of automorphic functions II. Ann. of Math. 81 (1965), 124-165.

[5] Construction of class fields and zeta functions of algebraic curves. Ann. of Math. (2) 85 (1967), 58-159.

[6] Introduction to the theory of automorphic functions. Princeton University Press (1971).

C.L. SIEGEL Gesammelte Abhandlungen, Springer-Verlag 1966.

[1] The volume of the fundamental domain for some infinite groups (1936). Vol. 1 , 459-468.

[2] Discontinuous Groups (1943). Vol. 2 (1943), 390-405.

D. SINGERMAN [1] Finitely maximal Fuchsian groups. J. London Math. Soc. (2) 6 (1972) 29-38.

R. SMADJA [1] Calculs effectifs sur les idéaux des corps de nombres algébriques. Département de mathématiques et d'informatique, Luminy (1976).

K. TAKEUCHI [1] On some discrete subgroups of $SL_2(\mathbb{R})$. J. Fac. Sci. Univ. Tokyo Sect. 1A 16 (1969), 97-100.

[2] A characterization of arithmetic Fuchsian groups. J. Math. Soc. Japan 27 (1975) 600-612.

[3] Arithmetic triangle groups. J. Math. Soc. Japan 29 (1977), 91-106.

[4] Commensurability classes of arithmetic triangle groups. J. Fac. Sci. Univ. Tokyo Sect. 1A 24 (1977), 201-212.

T. TAMAGAWA [1] On the zeta function of a division algebra. Ann. of Math. 77 (2) (1963), 387-405.

[2] Adèles. Algebraic Groups and Discontinuous Subgroups. Proc. Sympos. Pure Math. Boulder 1965. Amer. Math. Soc. (1966), 187-196.

J. TATE [1] Fourier analysis in number fields and Hecke's zeta-functions. Thesis Princeton Univ. (1950). Algebraic Number Theory, J.W.S. Cassels and A. Fröhlich, Academic Press (1967).

W. THURSTON [1] The topology and geometry of 3-manifolds, ch. 6-7. Princeton (1978).

J. TITS [1] Four presentations of Leech's lattice. Conference on group theory at Durham (1978), and preprint Paris (1978).

[2] Quaternions voer $\mathbb{Q}(\sqrt{5})$, Leech's lattice and the sporadic group of Hall-Janko. Preprint Paris (1979).

L. TORNHEIM [1] Integral sets of quaternions algebras over a function field. Trans. Amer. Math. Soc. 48 (1940), 436-450.

P. VAN PRAAG [1] Une caractérisation des corps de quaternions. Bull. Soc. Math. Belgique XX (1968), 283-285.

M.-F. VIGNERAS [1] Invariants numériques des groupes modulaires de Hilbert. Math. Ann. 224 (1976), 189-215.

[2] Exemples de sous-groupes discrets non-conjugués de PSL(2,$\mathbb{R}$) qui ont la même fonction zêta. C. R. Acad. Sci. Paris Sér. A-B 287 (1978), 47-49.

[3] Variétés riemanniennes isospectrales et non isométriques. Preprint Paris (1978). A paraître aux Annals of Math.

M.-F. VIGNERAS-GUEHO [1] Le théorème d'Eichler sur le nombre de classes de corps de quaternions totalement définis et la mesure de Tamagawa. Bull. Soc. Math. France 37 (1974), 107-114.

[2] Nombre de classes d'un ordre d'Eichler et partie fractionnaire de $\zeta_K(-1)$. C. R. Acad. Sci. Paris Sér. A-B 279 (1974), 359-361. Enseignement Math. (2) 21 (1975), 69-105.

[3] Simplification pour les ordres de corps de quaternions totalement définis. C. R. Acad. Sci. Paris Sér. A-B 279 (1974), 537-540. J. Reine Angew. Math. 286-287 (1976) 257-277.

A. WEIL [1] Basic Number Theory. Springer-Verlag (1967).

[2] Adèles and Algebraic groups. Lecture Notes I.A.S. Princeton (1961).

C.S. WILLIAMS and G. PALL [1] The thirty-nine systems of quaternions with a positive norm-form and satisfactory factorability. Duke Math. J. 12 (1945), 527-539.

T. YAMADA [1] On the distributions of the norms of the hyperbolic transformations. Osaka J. Math. 3 (1966), 29-37.

D. ZELINSKI [1] Integral sets in quasiquaternion algebras. Duke Math. J. 15 (1948) 595-662.

INDEX